高等职业教育计算机类专业系列教材

Photoshop CC

平面设计项目化教程

主编 汪 荣 李显萍

参编 赵英男 仇新红

　　　郭伟业 刘姝虹

U0219531

机械工业出版社
CHINA MACHINE PRESS

本书是关于 Photoshop CC 的基本知识和操作技能的新形态一体化教学用书。书中从培养学生利用 Photoshop 进行平面设计的职业素养（专业能力、沟通能力、方法能力、学习能力）出发，以服务专业、服务后续课程、服务应用、服务市场为宗旨，处理好适度的理论与强化技能训练的关系，适应"教、学、做"的规律要求。编写人员中吸收了企业一线的工作人员参加，直接对接职业标准，符合就业导向的思想。

本书以项目驱动，任务引领，激发学生的学习兴趣。本书根据 Photoshop 平面设计的应用，将教学内容分解为 8 个项目，分别为项目 1 平面图像展示（效果图）、项目 2 照片处理、项目 3 商品图像绘制、项目 4 卡片设计与制作、项目 5 标志设计、项目 6 APP 界面设计、项目 7 海报设计、项目 8 网页效果图制作。8 个项目中融入了 Photoshop 平面设计的知识点和技能讲解，每个项目中设置了"知识准备+任务实施"，实现了项目驱动和任务引领，激发了学生的学习兴趣，也加深了学生对所学知识与技能的理解。本书由浅入深、循序渐进，对应用性较强和较难的内容进行了重点描述，而对实际使用较少的内容进行了简单处理。本书依据基本的教学规律，在结构上设置了项目描述、学习目标、知识准备、项目实施、项目小结、能力巩固与提升等模块，实现了"教、学、做"的统一。本书的配套资源丰富，提供了综合性的教学解决方案；并制作了与本书配套的微课，在超星学习通中建立了课程；创建了与本书配套的电子教案、案例素材、教学大纲、学习测试等配套的教学资源。

本书可作为高职院校平面设计相关专业的教材，还可作为 Photoshop 平面设计人员和爱好者自学的参考用书。

图书在版编目（CIP）数据

Photoshop CC平面设计项目化教程 / 汪荣，李显萍 主编.
— 北京：机械工业出版社，2021.1（2023.1重印）
高等职业教育计算机类专业系列教材
ISBN 978-7-111-67752-9

Ⅰ.①P… Ⅱ.①汪… ②李… Ⅲ.①平面设计—图像处理软件—图像处理软件—高等职业教育—教材 Ⅳ.①TP391.413

中国版本图书馆CIP数据核字（2021）第043000号

机械工业出版社（北京市百万庄大街22号　邮政编码100037）
策划编辑：赵志鹏　　　责任编辑：赵志鹏
责任校对：张　力　　　封面设计：鞠　杨
责任印制：张　博
北京建宏印刷有限公司印刷

2023年1月第1版第2次印刷
184mm×260mm・16.5印张・446千字
标准书号：ISBN 978-7-111-67752-9
定价：49.80元

电话服务　　　　　　　　网络服务
客服电话：010-88361066　机 工 官 网　www.cmpbook.com
　　　　　010-88379833　机 工 官 博　weibo.com/cmp1952
　　　　　010-68326294　金 书 网　www.golden-book.com
封底无防伪标均为盗版　　机工教育服务网：www.cmpedu.com

前　言

Photoshop 是平面设计应用较广泛的工具软件之一，是设计类专业和多媒体类专业人员必须掌握的软件。本书是关于 Photoshop CC 的基本知识和操作技能的新形态一体化教学用书。

本书采用项目化模式编写，以典型案例项目为主线，以培养学生职业能力和素养为目标，以服务专业和岗位需求为宗旨，将知识和技能融入工作任务中，形成支持"教、学、做"教学模式的立体化支撑结构。本书中创作和引用的资源丰富，教学内容合理序化，知识筹备与技能训练形成合理协调的关系，能够满足教学和岗位工作的需要。

本书具有如下特点：

1）解决问题。本书的内容以平面设计应用分类形成项目，典型案例作为工作任务，在项目选取和任务分配中注重学生的体验和思维能力的培养，有助于解决实际问题。

2）将"教、学、做"演化为"学、仿、创"结构。每个项目模块由项目描述、学习目标、知识准备、项目实施、项目小结和能力巩固与提升 6 个部分组成，必备的知识准备突出学生的"学"，项目实施突出学生的"仿"，能力巩固与提升突出学生的"创"，通过典型项目过程化训练，引导学生能力提升。

3）提供丰富的配套资源和教学解决方案。本书中所有的项目和任务均有配套的操作性微课，可有力地支持学生的学习和练习；同时，本书对应的课程在"学习通"上同步上线，教师和学生可以在线使用相关教学资源，形成线上线下的协同教学。

本书由汪荣、李显萍担任主编，赵英男、仇新红、郭伟业、刘姝虹参编。其中，项目 1 由郭伟业编写，项目 2 由仇新红编写，项目 3 由刘姝虹编写，项目 4 由赵英男编写，项目 5、6 由李显萍编写，项目 7、8 由汪荣编写。36 个配套微课由汪荣设计并录制完成。

在本书的编写过程中，丁丁网长春分部美工师董爽提供了宝贵的建议与意见，在此我们表示衷心的感谢！

由于编者水平有限，书中疏漏与不当之处在所难免，恳请各位读者提出宝贵意见，使本书在教学实践中不断得以提高与完善。

联系方式：1263162448@qq.com。

编　者

二维码索引

（续）

目 录

项目1
平面图像展示
（效果图）

项目 2
照片处理

项目 3
商品图像绘制

项目 4
卡片设计与制作

**项目 5
标志设计**

项目 6
APP 界面设计

**项目 7
海报设计**

项目 8
网页效果图制作

Photoshop CC

项目 1
平面图像展示（效果图）

❖ **项目描述**

　　当今社会已进入信息化时代，无论是企业还是个人都积极地进行各种展示，其中平面图像是应用最多的展示方式，越来越多的个人或企业需要应用平面图像处理软件来处理图像，以使自己的平面图像展示达到最好的效果。Photoshop 是平面图像处理的诸多软件中的佼佼者，得到了行业内大多数设计人员的认可，被广泛应用到平面设计的各个领域。本项目的学习目的是了解 Photoshop 进行平面设计之前必备的知识和技能，学习完本项目之后，学生应能利用 Photoshop 对平面图像进行简单处理。

❖ **学习目标**

1）了解和掌握常用的图像模式，掌握各种图像模式的区别和应用领域。

2）熟悉 Photoshop CC 的界面，掌握 Photoshop CC 的基本操作。

3）具有运用所学知识完成项目、工作任务、课后习题与操作训练的能力。

4）培养和树立高尚的职业道德和服务社会的意识。

【知识准备】——Photoshop CC 基础

1.1　图像处理的基础知识

1.1.1　位图与矢量图

　　Photoshop 主要处理像素构成的数字图像。计算机所处理的图像从其描述原理上可以分为两大类——位图和矢量图。由于图片描述原理的不同，对这两种图像的处理方式也有所不同。

1. 位图

　　位图又称像素图或点阵图，是计算机图像中较为常见的一种图像格式。位图是基于像素的栅格图像，由若干像素点（或叫彩色块）排列组成，且每个像素都有固定的位置和颜色值。计算机记录和编辑的是每个像素点的位置和颜色值，图像像素点越多，分辨率就会越高，图像也就越清晰，占用的磁盘空间也越大，处理的速度也会变慢。位图的放大和缩小处理就是对位图像素点的放大和缩小，当被放大到一定程度时，图像会变得不清晰，出现马赛克劣化，如图 1-1 所示，为位图被放大 400% 后的效果。

图 1-1　位图放大 400% 后的效果

2. 矢量图

矢量图是数字图像处理的主要格式，是计算机图像中的主要图像格式。矢量图是由数学方式进行描述的直线、曲线、色块、形状和位置等组合而成。相对于位图而言，矢量图的优势在于不会因为显示比例等因素的改变而降低图形的品质，且文件所占有的磁盘空间相对较小，其文件大小与图形中所包含的对象的数量和复杂程度有关，而与输出介质尺寸大小无关。矢量图无论放大多少倍清晰度都没有变化，如图 1-2 所示。

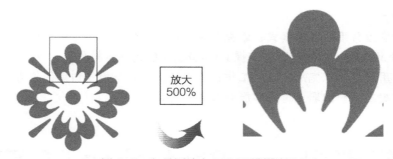

图 1-2　矢量图放大 500% 后的效果

1.1.2　图像的格式

图像格式是指计算机表示和存储图像信息的格式。由于历史的原因，不同厂家表示图像文件的方法不一样，目前已经有上百种图像格式，常用的也有几十种。同一幅图像可以用不同的格式来存储，但不同格式之间所包含的图像信息并不完全相同，文件大小也有很大的差别，用户在使用时可以根据自己的需要选用适当的格式。

1. PSD 格式

PSD 格式（Photoshop 源文件）是 Photoshop 软件默认的存储格式，这种格式可以存储 Photoshop 中的所有图层、通道和剪切路径等信息。

2. BMP 格式

它是一种 DOS 和 Windows 平台上常用的一种图像格式，支持 RGB、索引颜色、灰度和位图颜色模式，但不支持 Alpha 通道，也不支持 CMYK 模式。

3. TIFF 格式

它是一种无损压缩格式（采用的是 LZW 压缩），不仅支持 RGB、CMYK、Lab、索引颜色、位图和灰度模式，而且在 RGB、CMYK 和灰度 3 种颜色模式中还支持使用通道、图层和剪切路径。在平面排版软件 Pagemaker 中常使用这种格式。

4. JPEG 格式

它是一种常见的使用频率较高的有损压缩的图像格式，不支持 Alpha 通道也不支持透明。当存为此格式时，会弹出对话框，设置的数值越高，图像品质越好，文件也越大。它支持 24 位真彩色，因此适用于色彩丰富的图像。

5. GIF 格式

GIF（Graphics Interchange Format）的原义是"图像互换格式"，是一种基于 LZW 算法的连续色调的无损压缩格式。它支持一个 Alpha 通道，支持透明和动画格式，支持 256 色（8 位图像）。GIF 动画是将多幅图像保存为一个图像文件，多幅图像连续播放，从而形成的动画，其本质仍然是图片。由于 GIF 动画文件小，制作灵活方便，而被广泛应用于网络中。

1.1.3　分辨率

分辨率是指每英寸（1 英寸 =2.54cm）含有像素的数量。图像的分辨率越高，图像每英寸包含的像素就越多，图像也就越细腻、越清晰，图像质量也就越好。分辨率的种类有很多，其含义也各不相同。正确理解分辨率在各种情况下的具体含义，是至关重要的一步。下面是几种常用的分辨率。

1. 图像分辨率

图像分辨率是指图像中存储的信息量。这种分辨率有多种衡量方法，典型的是以每英寸的像素数（ppi）来衡量。图像分辨率和图像尺寸的值一起决定文件的大小及输出质量，该值越大，图形文件所占用的磁盘空间也就越大。图像分辨率以比例关系影响着文件的大小，即文件大小与其图像分辨率的平方成正比。如果保持图像尺寸不变，将图像分辨率提高 1 倍，则其文件大小增大为原来的 4 倍。

2. 扫描分辨率

扫描分辨率是指扫描一幅图像之前所设定的分辨率，它将影响所生成的图像文件的质量和使用性能，决定图像将以何种方式显示或打印。

3. 设备分辨率

设备分辨率又称输出分辨率，是指在各类输出设备上每英寸上可产生的点数，如显示器、喷墨打印机、激光打印机、绘图仪的分辨率。这种分辨率通过 dpi 来衡量，目前，PC（personal computer，个人计算机）显示器的设备分辨率在 60 ～ 120dpi 之间，而打印设备的分辨率则在 300 ～ 1440dpi 之间。

1.1.4　图像颜色模式

颜色模式提供了一种颜色转换成数字数据的方法，从而使颜色能够在多种媒体中连续描述并能跨平台使用，如从显示器到打印机、从 Mac 到 PC 等。Photoshop 中有 8 种颜色模式：

位图模式、灰度模式、双色调模式、索引颜色模式、RGB 颜色模式、CMYK 颜色模式、Lab 颜色模式和多通道模式，不同的颜色模式有不同的图像效果和用途。

1. 位图模式

位图模式又称黑白模式，是由 1 位像素组成的只有黑白颜色的图像模式，是最简单的图像模式。位图模式的图像文件一般非常小。在设计时，只有在特殊需要和用途的情况下才采用位图模式，如想设计为黑白效果时就可以采用位图模式。

在 Photoshop 中只有灰度模式的图像可以和位图模式进行转换，其他模式要转换为灰度模式后，才可转换为位图模式。灰度模式转换为位图模式的操作如下：

打开灰度图像，在菜单栏中选择"图像"→"模式"→"位图"命令，弹出"位图"对话框，如图 1-3 所示，图 1-4 所示为扩散仿色模式效果图。

图 1-3　"位图"对话框　　　　　　　图 1-4　扩散仿色模式效果
　　　　　　　　　　　　　　　　　　　　　　a) 原图　　b) 扩散仿色

2. 灰度模式

灰度模式是一种没有彩色信息的颜色模式，色彩饱和度为 0，图像是由介于黑与白之间的 256 级灰色组成。由于有 256 级的灰度，因此灰度图像依然可以很细腻，也可以有很好的效果。Photoshop 可以将图像从任何一种彩色模式转为灰度模式，也可以将灰度模式转为任何一种色彩模式。

在 Photoshop 中，彩色图像（以 RGB 模式为例）转换为灰度模式的操作如下：

打开素材图像，在菜单栏中选择"图像"→"模式"→"灰度"命令，弹出提示扔掉颜色信息对话框，如图 1-5 所示，单击"扔掉"按钮将图像转换为灰度模式。如图 1-6 所示为转换前后的图像效果。

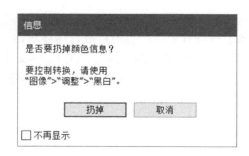

图 1-5　提示扔掉颜色信息　　　　　　图 1-6　转换前后的图像效果
　　　　　　　　　　　　　　　　　　　　　　a) 彩色原图　　b) 灰度图像

当图像中有 1 个以上的图层时，会在弹出提示扔掉信息对话框（图 1-5）前弹出提示拼合图层的对话框，如图 1-7 所示。

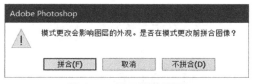

图 1-7　提示拼合图层

3. 双色调模式

双色调模式顾名思义也是一种包含很少颜色的图像模式。该模式通过 2 ~ 4 种彩色油墨混合其色阶来创建双色调（2 种颜色）、三色调（3 种颜色）、四色调（4 种颜色）的图像。彩色模式图像要先转换为灰度模式，然后转换为双色调模式。灰度模式转换为双色调模式的操作如下：

在菜单栏中选择"图像"→"模式"→"双色调"命令，弹出"双色调选项"对话框，如图 1-8 所示。

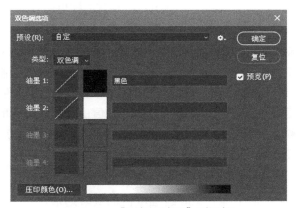

图 1-8　"双色调选项"对话框

① 类型：可以选择双色调的模式，有单色调、双色调、三色调和四色调 4 种模式。

② 油墨：根据在类型中选择的色调类型来编辑每个色调的颜色及曲线，单击曲线可以在弹出的双色曲线对话框中设置同一颜色的不同曲线效果。图 1-9 所示为由黑黄两色组成的双色调（设置如图 1-8 所示）效果图。

图 1-9　双色调效果图

4. 索引颜色模式

索引颜色模式是一种 8 位色彩，最多可以有 256 种典型颜色的颜色模式。当图像转换为索引颜色时，Photoshop 将构建一个颜色表，用以存放并索引图像中的颜色。颜色表中包括了图像使用的最多 256 种颜色，如图像使用了 256 种颜色以外的颜色则由系统解释为与其最相近的色表内的颜色。将 RGB 模式图像转换为索引颜色模式的操作如下：

在菜单栏中选择"图像"→"模式"→"索引颜色"命令，可以将图像转为索引颜色模式，索引颜色模式虽然没有 RGB 模式的图像细腻，但也很清晰，且索引颜色由于只有 8 位，因此图像的文件相对较小，一般常用于网络、游戏和丝网印刷等。

5. RGB 颜色模式

RGB 颜色模式是图像处理中常用的一种图像颜色模式，是通过光谱中的红（R）、绿（G）

和蓝（B）3 种色光按不同的比例及强度进行混合来形成各种颜色的，当 3 种颜色叠加在一起时为白色。图 1-10 所示为红、绿、蓝 3 种颜色混合的效果。

图 1-10 三原色混合效果

6. CMYK 颜色模式

CMYK 颜色模式是彩色印刷和打印经常使用的一种颜色模式。它的原理是基于油墨的光线吸收特性的，当光线照射到物体上时，物体会吸收一部分光线，并将剩下的光线进行反射，反射的光线就是我们所看见的物体颜色。CMYK 分别代表 4 种油墨颜色，C 代表青色、M 代表品红色、Y 代表黄色、K 代表黑色，用这 4 种油墨颜色混合，可对光线有选择地吸收和反射，使物体呈现出颜色。将 RGB 颜色模式转换为 CMYK 颜色模式的操作如下：

在菜单栏中选择"图像"→"模式"→"CMYK"命令，即可将图像转换为 CMYK 颜色模式。

7. Lab 颜色模式

Lab 颜色模式是国际标准照明委员会制定的一种色彩模式，包含 RGB 和 CMYK 中所有的颜色。

Lab 颜色模式用 3 个数值来表示颜色，L 代表颜色的明度，数值范围为 0 ～ 100；a 代表由绿到红的颜色值，数值范围为 –128 ～ +127，数值由小到大对应的颜色是由绿色到红色；b 代表由蓝色到黄色的颜色值，数值范围为 –128 ～ +127，数值由小到大对应的颜色是由蓝色到黄色。

Lab 是一种既不依赖于光线也不依赖于设备的颜色模式，是一种与设备无关的颜色模式，是各种颜色模式相互转换的中间模式。

8. 多通道模式

多通道模式图像包含有多个具有 256 级强度值的灰阶通道，每个通道 8 位深度。一般用进行特殊打印和一些专业的高级通道操作。在 RGB、CMYK 和 Lab 模式中删除某一个通道，图像将转换为多通道模式。转换时系统将根据原图像通道数自动转换为数目相同的专色通道，并将原图像各通道像素颜色信息自动转换为专色通道的颜色信息。

1.2　初识 Photoshop

Photoshop 是 Adobe 公司推出的目前流行、优秀的图形图像处理软件之一，被誉为平面设计行业中图像处理的标准软件。它用可视化的工作界面为用户提供了强大的工具绘图和图像处理功能。本节将主要介绍 Photoshop 的应用领域、工作界面和文件基本操作等内容。

1.2.1　Photoshop 的应用

Photoshop 是集图像扫描、编辑修改、图像制作、广告创意、图像输入与输出于一体的图形图像处理软件，它以其强大的功能，在多个领域中都有广泛的应用，主要的应用领域如下。

1. 平面广告设计

Photoshop 应用最为广泛的领域是平面广告设计领域，如招贴、包装、广告和海报等。为了节约成本并达到更好的视觉效果，很多平面广告都使用局部拍摄，后期使用 Photoshop 软件合成并添加特效的方法来设计与制作。图 1-11 所示是日常生活中到处可以见到的平面广告。

2. 照片处理

Photoshop 提供了大量的图像编辑和处理的命令，可以用来对数码图像进行合成、修复和色彩调整等操作。目前，很多影楼的艺术摄影作品和老照片翻新处理等工作都使用 Photoshop 软件来完成。

3. 书籍装帧设计

书籍的封面、扉页设计及印刷输出等装帧工作，也可以使用 Photoshop 软件来完成。

图 1-11　Photoshop 制作的电梯广告

4. 数字插画和动漫角色创作

Photoshop 集成位图和矢量图绘画功能，以及匹配各类插件的使用功能于一体，现在很多艺术家用 Photoshop 的绘画功能来制作数字插画，设计与制作动漫角色。Photoshop 的画笔功能可以精确地绘制人物的每一根毛发，大大减少了手绘的各种弊端和后期的时间。

5. 界面设计

软件界面、APP 界面、网站网页等界面的设计都离不开 photoshop。使用 Photoshop 的渐变、图层样式和滤镜等功能，能制作出真实的画质，而且可以根据需要导出网页格式，生成网页模板。图 1-12 所示为利用 Photoshop 制作的网页横幅。

图 1-12　利用 Photoshop 制作的网页横幅

6. 三维效果制作

除了上述领域，Photoshop 还被广泛应用于各种三维设计中。如建筑三维效果图的后期修饰，三维材质制作，立体实物设计，3DMAX 的效果图的展示，角色与配景、场景的配色方案等，等可以用 Photoshop 软件进行设计，操作方便，节省了大量的时间。

1.2.2　Photoshop 的启动

Photoshop 的启动与 Windows 中多数应用软件的启动一样，选择"开始"→"所有程序"→"Adobe Photoshop CC"命令即可启动 Photoshop CC。在 Photoshop CC 中，设计人员可以根据自己的喜好和方便设置工作界面的颜色，具体操作如下：

1）在菜单栏中选择"编辑"→"首选项"→"界面"命令，弹出"首选项"对话框，如图 1-13 所示。

2）在"界面"选项卡中，系统提供了 4 种颜色方案供设计者选择，在这里我们选择第二种颜色方案,如图1-14所示就是此颜色方案的工作界面(注:书中所有操作均采用此颜色方案)。

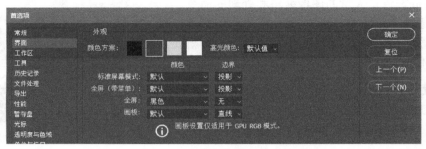

图 1-13 "首选项"对话框

> **提示**
>
> 在"首选项"对话框中的"常规"选项卡中选中"滚轮缩放"复选框后,可使用鼠标滚轮来放大和缩小图像的显示比例。

1.2.3 Photoshop CC 的工作界面

我们在学习和使用 Photoshop CC 前,要先了解和熟悉 Photoshop CC 的工作界面,这样应用起来才能得心应手,如图1-14所示为中文版 Photoshop CC 的工作界面。

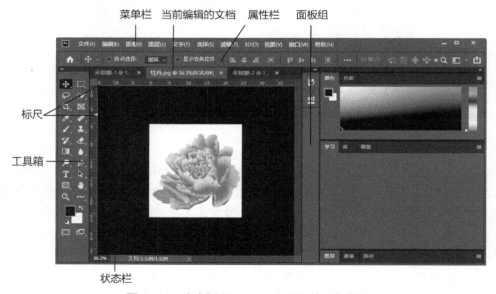

图 1-14 中文版 Photoshop CC 的工作界面

1. 菜单栏

菜单栏包含文件、编辑、图像、图层、文字、选择、滤镜、3D、视图、窗口和帮助菜单,其中每个菜单项中又包含若干命令，通过菜单栏可以完成大部分图像的编辑和处理工作。

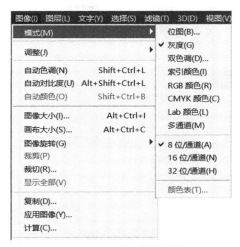

 提示

　　菜单栏中的命令后有"..."的，表示该命令需要打开对话框进行设置；命令后有"▶"的，表示该命令会有下一级的命令菜单。灰色表示在当前编辑状态下此命令不可用，如图 1-15 所示为"图像"菜单及其中的"模式"命令的下一级菜单。

图 1-15　"图像"菜单

2. 属性栏

属性栏又称选项栏，其最主要的特点是随着选择工具的不同而不同，如图 1-16 所示为"移动工具"对应的属性栏。

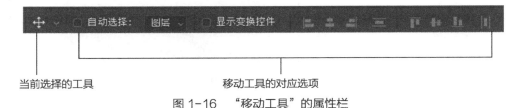

当前选择的工具　　　　　　　　移动工具的对应选项

图 1-16　"移动工具"的属性栏

3. 工具箱

工具箱中包含用于创建和编辑图像、文字等元素的多组工具按钮，如图 1-17 所示。

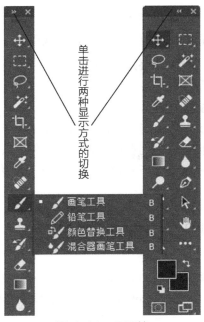

 提示

　　工具箱有单栏和双栏两种显示方式，单击工具箱左上角的双箭头可进行切换。

　　工具箱按钮是分组排列的，单击按钮右下角的三角可以查看和选择该组的其他按钮。图 1-17 所示为工具箱两种显示方式及画笔工具箱的相应按钮。

4. 面板组

面板组位于工作界面的右侧，用户在使用时可以将常用的面板调出，也可以进行组合和分类，方便工作时使用。

图 1-17　工具箱

在菜单栏中选择"窗口"命令，打开"窗口"菜单，如图 1-18 所示。其中"排列""工作区"两个命令是用于对工作区进行排列的，最下面的是当前打开的文档名称，中间是 Photoshop 的各个面板列表，前面有"√"的表示该面板已显示在工作区中，没有"√"的表示该面板当前为隐藏状态。

面板的操作如下：

① 显示 / 隐藏面板：在"窗口"菜单中反复单击面板名称可打开或隐藏该面板，如图 1-19 所示为"颜色"面板。

图 1-18　"窗口"菜单

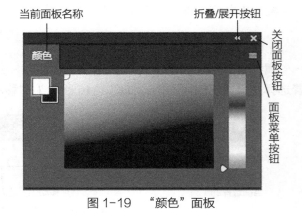

图 1-19　"颜色"面板

② 折叠 / 展开面板：在相应的面板上单击右上角的双箭头图标，可实现面板的折叠与展开。

③ 分离 / 重组面板：在 Photoshop 中，面板在工作界面的右侧是分组显示的，用户也可以根据自己的使用习惯及工作需要将面板进行分离和重组。

a. 分离面板：用鼠标直接拖动某一面板标签到新的位置，即可将面板与原来的组分离。

b. 重组面板：用鼠标拖动面板标签到其他面板组中，出现蓝色框线时释放鼠标即可实现面板的重组。

5. 状态栏

状态栏位于窗口的底部，用于显示当前文档的相关信息。

状态从左到右依次是显示比例、Version Cue（用于打开嵌入的共享文档）、文档大小等，单击最右侧的三角形可以打开状态栏菜单，通过子菜单相应的命令可以显示当前文件的各种信息。

1.2.4　文件的基本操作

1. 新建文档

新建是在 Photoshop 中建立一个空白文档，新建操作如下。

1）启动 Photoshop CC，执行以下操作之一：

①在菜单栏中选择"文件"→"新建"命令，弹出"新建文档"对话框，如图 1-20 所示。

②使用 Ctrl+N 组合键，弹出"新建文档"对话框，如图 1-20 所示。

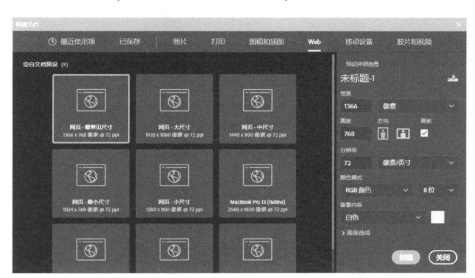

图 1-20 "新建文档"对话框

2）对话框中的选项说明如下。

①类别选项：有最近使用项、已保存、照片、打印、图稿和插图、Web、移动设备、胶片和视频 8 个类别预设可以选择，图 1-20 为 Web 选项。

②名称：用于设置新建文档的名称，图 1-20 中的名称为系统默认的"未标题 -1"。

③大小：当选择了系统预设的文档类型，此项显示预设文档的大小。例如，在预设中选择"Web"时，大小列表中则有多个选项可以选择，如图 1-20 所示。

④高度 / 宽度：用于用户自定义文档的高度和宽度，单位有像素、英寸、厘米、毫米、点、派卡和列。

⑤方向和分辨率：方向有横向和纵向两个选项。分辨率用于设置新文档分辨率的大小，单位有像素 / 英寸和像素 / 厘米两种。通常图像的分辨率和尺寸决定了图像质量和文件的大小，这两项参数越大质量越高文件越大。为避免过大文件在应用中的负担，用户应根据图像的用途来确定分辨率的大小。

用于网络和屏幕处理，如网页和桌面背景，可以使用 72 像素 / 英寸。

用于打印输出，可以使用 300 像素 / 英寸。

用于大面积彩色喷绘，可以使用 20 ～ 70 像素 / 英寸。

⑥颜色模式：用于设置新文档的颜色模式，设置时在下拉列表中选择要使用的模式即可。

⑦背景内容：用于设置新文档的背景内容，下拉列表中包括白色、背景色和透明 3 种。

3）在"新建文档"对话框中进行以下设置：名称为网页横幅、宽度 × 高度为

1000×160 像素、方向为横向、分辨率为 72 像素 / 英寸、颜色模式为 RGB8 位、背景内容为白色，如图 1-21 所示，单击"创建"按钮即可新建一个名称为网页横幅的空白文档。

2. 打开文档

打开文档是在 Photoshop 中打开已有的图像文档，具体操作如下。

1）在 Photoshop CC 执行以下操作之一：

①在菜单栏中选择"文件"→"打开"命令，弹出"打开"对话框，如图 1-22 所示。
②使用 Ctrl+O 组合键，弹出"打开"对话框，如图 1-22 所示。

2）"打开"对话框中的选项说明如下。

①查找范围：用于选择图像的位置和路径。
②文件名：显示选择的文档名称。
③格式下拉列表：在下拉列表可以选择在 Photoshop 中打开的文档类型，如 .psd、.jpeg 或 .gif 等。

图 1-21　新建"网页横幅"文档

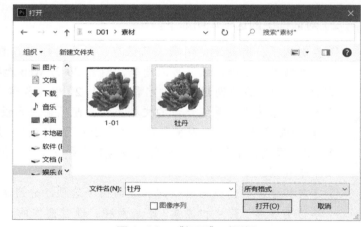

图 1-22　"打开"对话框

同时打开多个图像：按住 Ctrl 键同时单击选择多个图像。

3. 保存文档

当新建或打开的文档进行编辑后，要及时保存文档，防止计算机突然出现故障而丢失内容，新建文档的保存操作如下。

1）在 Photoshop 中执行以下操作之一：

①在菜单栏中选择"文件"→"存储"命令（快捷键为 Ctrl+S），弹出"另存为"对话框，如图 1-23 所示。已保存过的文档执行此操作时，只进行保存不弹出"另存为"对话框。

②在菜单栏中选择"文件"→"另存储"命令，弹出"另存为"对话框，如图 1-23 所示。

2）"另存为"对话框中的选项说明如下。

①文件名：用于设置文档的名称。

②保存类型：在下拉列表中选择文档的保存类型，Photoshop 默认的文档格式为 .psd。

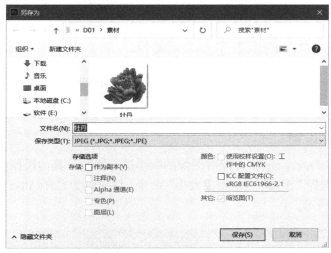

图 1-23　　"另存为"对话框

　　用户可以根据图像的用途来选择不同的存储格式：用于印刷可以存储为 TIFF、EPS 格式；各种出版物可以存储为 PDF 格式；网络图像可以存储为 GIF、JPEG、PNG 格式；用于 Photoshop 可以存储为 PSD、TIFF 格式。

4. 关闭文档

保存后关闭文档的操作如下。

在 Photoshop CC 中执行以下操作之一：

①在菜单栏中选择"文件"→"关闭"命令。

②使用 Ctrl+W 组合键关闭文档。

③单击文档窗口中的"关闭"按钮，如图 1-24 所示。

图 1-24　关闭文档

提示

如果文档没有保存过就关闭，系统会自动弹出保存的提示框，询问文档是否需要保存。

1.3 Photoshop 图像的基本操作

熟悉了 Photoshop 的工作界面后，我们来介绍一下在 Photoshop 中图像的基本操作，包括图像和画布的大小、辅助工具的使用等等。

1.3.1 图像的设置

打开图像后，在 Photoshop 中可以对图像的大小进行修改，具体操作如下：

1）在菜单栏中选择"图像"→"图像大小"命令（快捷键为 Ctrl+Alt+I），弹出"图像大小"对话框，如图 1-25 所示。

图 1-25 "图像大小"对话框

2）"图像大小"对话框中的选项说明如下。

①图像大小 / 尺寸：显示当前图像的文件大小和图像尺寸。

②高度 / 宽度：用于重新设置图像的高度和宽度，单位有百分比、像素、英寸、厘米、毫米、点、派卡和列。

③分辨率：用于重新设置文档的分辨率。

④约束比例█：此按钮用于在改变图像大小是否根据长度和宽度进行等比调整。

⑤重新采样：选中此复选框，在改变图像大小的过程中，系统会根据原图像素颜色按一定的内插方式重新分配新像素，在下拉列表中有各种方法的选项。

1.3.2 画布大小的改变

使用"画布大小"命令可添加或移去当前图像周围的工作区画布。用户还可通过减小画布区域来裁切图像。改变画布大小的具体操作如下：

1）在菜单栏中选择"图像"→"画布大小"命令（快捷键为Ctrl+Alt+C），弹出"画布大小"对话框，如图1-26所示。

2）"画布大小"对话框中的选项说明如下。

①当前大小：显示出当前文档的文件大小及画布大小。

②新建大小：用于重新设置画布的大小，包括"宽度"和"高度"选项，单位有英寸、像素、厘米、毫米、点、派卡和列。

③相对：选中此复选框，输入的新数值不是画布的新数值而是相对原来而言增加或减小的数值。正数为扩大的区域，负数为减小的区域。

图 1-26　"画布大小"对话框

④定位：单击相应的箭头，用于设置新画布增加或减小的区域相对于原图像画布的位置。

⑤画布扩展颜色：用于设置扩展部分画布的颜色。

1.3.3　前景色与背景色的设置

更改 Photoshop 的前景色或背景色的操作如下：

1）在工具箱中单击"前景色"（或"背景色"）按钮，弹出相应的对话框，图1-27所示为"拾色器（前景色）"对话框。

图 1-27　"拾色器（前景色）"对话框

2）在对话框中选择相应的颜色或输入具体的数值，然后单击"确定"按钮即可改变文档的前景色或背景色。

> **提示**
>
> 　　在非常文本编辑状态下，按 D 键可以快速恢复系统默认的前景黑色、背景白色，按 X 键可以快速切换前景色。

1.3.4　辅助工具的使用

1. 标尺

标尺用于显示当前正在使用的测量系统，可以帮助确定文档中图像或其他元素的大小或位置，根据不同的设计需要还可以更改标尺的属性、原点及位置等。

1）打开或隐藏标尺：在菜单栏中选择"视图"→"标尺"命令（快捷键为 Ctrl+R），可以显示或隐藏标尺。默认状态下标尺位于文档的上方和左侧。

2）改变标尺的原点：默认状态下标尺的原点位于图像左侧顶点的位置。用户可以根据工作需要调整标尺的原点位置，例如将原点对齐网格、参考线、图层或文档边界等。调整标尺原点的方法有以下三种。

①通过菜单改变标尺原点：在菜单栏中选择"视图"→"对齐到"命令，再从子菜单中选择相应的命令即可。

②通过拖动鼠标改变标尺原点：将鼠标指针移到左侧标尺和上方标尺相交处，单击并拖动鼠标，在合适的位置释放鼠标左键，即可改变标尺原点的位置。

③标尺原点复位：在文档左上角的标尺交叉处双击即可将标尺原点复位。

2. 网格

网格是 Photoshop 提供的一种可以用来实现对齐功能的工具，默认状态下网格是不显示的，显示或隐藏网格的操作如下：在菜单栏中选择"视图"→"显示"→"网格"命令（快捷键为 Ctrl+'）即可。

3. 参考线

参考线是可以随意移动的辅助线，可以用于图像或元素的对齐和定位，它浮动在图像上面不能被打印。

1）建参考线的方法有以下两种。

①通过菜单创建参考线：在菜单栏中选择"视图"→"新建参考线"命令，弹出"新建参考线"对话框，如图 1-28 所示，设置参考线的取向和位置，然后单击"确定"按钮即可在文档中创建参考线。

②使用"移动工具"创建参考线。

a. 在标尺显示的状态下，选择工具箱中的"移动工具" ⊹。

b. 将鼠标指针移到标尺上，鼠标指针变为白色箭头，单击并向文档中拖动，会有一条线跟随鼠标指针移动，到合适的位置释放鼠标左键即可创建参考线。

2）锁定和解锁参考线：如果想锁定或解锁参考线，在菜单栏中

图 1-28　"新建参考线"
对话框

选择"视图"→"锁定参考线"命令，即可实现参考线的锁定与解锁。

3）显示和隐藏参考线：在菜单栏中选择"视图"→"显示"→"参考线"命令，即可实现参考线的显示和隐藏。

4）删除参考线：在菜单栏中选择"视图"→"清除参考线"命令，可以删除所有的参考线。如果想删除个别参考线，则可以使用移动工具选中要删除的参考线，拖到标尺位置，然后释放鼠标左键即可删除（必须在有标尺显示的前提下才可以执行）。

1.3.5　工作环境的设置

在 Photoshop 中用户可以根据自己的喜好或工作需要设置工作环境，方便自己的使用。

在菜单栏中选择"编辑"→"首选项"命令，然后选择子菜单中的命令进行设置。如图 1-29 所示为"工具"选项卡。

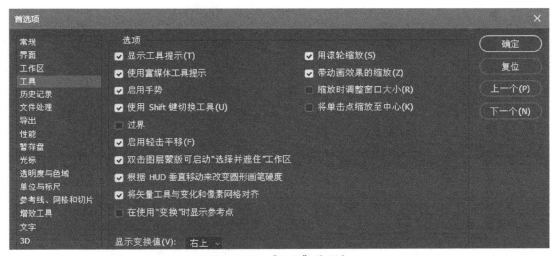

图 1-29　"工具"选项卡

在对话框的左侧列出了其他的一些选项卡，用户可以通过设置相应的选项卡中的内容来设置自己喜欢或方便的工作环境。例如，在"工具"选项卡中选中"用滚轮缩放"复选框，则用户可以通过鼠标滚轮进行放大和缩小。

1.3.6　图像文件的置入

在 Photoshop 中通过"置入嵌入图像"命令可以将多种格式的图像文件导入文档中，并自动生成，具体操作如下：在菜单栏中选择"文件"→"置入嵌入图像"命令，弹出"置入嵌入的对象"对话框，如图 1-30 所示。

1）选择要置入的图像，单击"置入"按钮，将图像置入文档中。置入的图像四周会有控制点，如图 1-31 所示，拖动控制点可以改变置入的图像大小，并且可以使用鼠标拖动放到适当的位置，完成后按 Enter 键，完成图像的置入。

2）完成后，置入的图像会自动生成一个智能图层，如图 1-32 所示，"图层"面板中牡丹的图层。

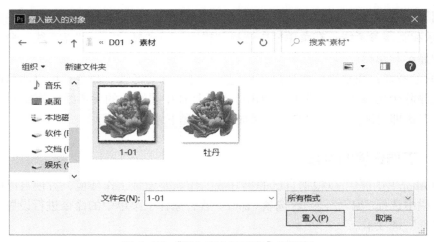

图 1-30 "置入嵌入的对象"对话框

图 1-31 置入的图像

图 1-32 置入图像生成的智能图层

1.3.7 移动工具、裁剪工具

1. 移动工具

利用移动工具结合鼠标操作可以实现选择图像或图层，也可拖动改变图像的位置，具体操作如下：

1）在工具箱中选择"移动工具" ，"移动工具"的属性栏如图 1-33 所示。

图 1-33 "移动工具"的属性栏

2）工具栏中部分选项的说明如下。

①自动选择：选中此复选框后，在选择图像时会自动选择图像所在的图层或组，图层和

组在后面的下拉列表中选择。

②显示变控件：选中此复选框后，在选择图像时会在图像四周出现边框和控制点，拖动控制点可以调整图像。

③水平对齐方式：包括左对齐、水平居中对齐、右对齐和垂直分布 4 个选项，当选择 2 个或以上对象时可以使用。

④垂直对齐方式：包括顶对齐、垂直居中对齐、底对齐和水平分布 4 个选项，当选择 2 个或以上对象时可以使用。

3）将鼠标指针移到图像或选区内单击并拖动鼠标到适当位置释放鼠标左键，即可把图像移动到该位置。

4）在图像面板上单击可以选择图层。选择时同时按下 Ctrl 键可以选择不连续的图层，按下 Shift 键可选择连续的图层。

2. 裁剪工具

使用裁剪工具可以根据选区对图像进行裁剪，具体操作如下：

1）使用选区工具裁剪：利用椭圆选区在图像上创建一个圆形选区，再在菜单栏中选择"图像"→"裁剪"命令，如图 1-34 所示。

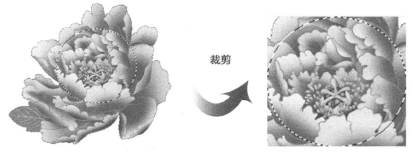

裁剪

图 1-34　使用裁剪命令裁剪图像

2）使用"裁剪工具"裁剪：在工具箱选择"裁剪工具" ㅁ，首先在图像中绘制出一个选区，然后按 Enter 键完成图像的裁剪。

当裁剪选区超过了画布区域时，可以扩大原图像画布的大小。

1.3.8　其他图像处理的基本操作

1. 旋转图像

为实现图像不同效果或修改扫描图像，经常会需要将图像进行旋转，在 Photoshop 中旋转图像的操作如下：

在菜单栏中选择"图像"→"图像旋转"命令，在下级菜单中选择相应的命令即可将画布和图像旋转，如图 1-35 所示。

选择其中的"任意角度"命令可以弹出"旋转画布"对话框，如图 1-36 所示，然后在其中设置旋转角度和旋转方向。

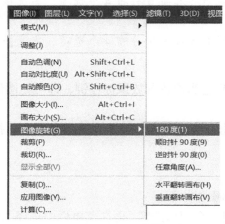

图 1-35　旋转图像

图 1-36　"旋转画布"对话框

2. 自由变换图像

根据设计的需要，有时需要对图像进行一些自由的变换，自由变换图像的操作如下：

1）在菜单栏选择"编辑"→"自由变换"命令（快捷键为 Ctrl+T），图像四周出现控制点，如图 1-37 所示。

2）将鼠标指针移到控制点，当鼠标指针变为双向箭头时，按住鼠标左键拖动即可变换图像。

3）在菜单栏中选择"编辑"→"变换"命令，然后选择子菜单中的命令可以获得更多的变换操作。也可右击，在弹出的快捷菜单中选择其他变换方式。

图 1-37　自由变换图像

> **提示**
>
> 在控制点上直线箭头是将图像沿一定的方向进行缩放；带弯度的双向箭头是可以将图像进行自由旋转；按住 Ctrl 键的同时拖动控制点，可以实现图像的倾斜或扭曲。

【项目实施】——平面图像展示

小李受聘于某广告公司从事设计师助理工作，主要协助设计师做一些搜集素材、后期印刷和布展的工作。

工作任务 1.1　公交站公益海报布展

【工作任务】

公益广告为社会公共利益服务，具有现实性、表现性和号召性三大特点。本任务要求完成如图 1-38 和图 1-39 所示的公交站公益海报布展。

图 1-38　公交站公益海报布展正面效果

图 1-39　公交站公益海报布展其他视角

【任务解析】

海报展示和张贴效果图主要运用 Photoshop 图层叠放原理和移动工具，图像展示时要注意比例缩放和因视角不同而产生的变化。完成本任务，需要熟练掌握 Photoshop 文件的基本操作。

【任务实施】

1. 正面展示

1）新建文档。在菜单栏中选择"文件"→"新建"命令，弹出"新建文档"对话框，如图 1-40 所示，设置预设详细信息：名称为 RW0101-1、大小为 1300×1700 像素、方向为纵向、分辨率为 300 像素 / 英寸、颜色模式为 RGB 颜色（8 位）、背景为白色，然后单击"创建"按钮，新建一个名称为 RW0101-1.psd 的文档。

图 1-40　"新建文档"对话框 1

2）置入背景素材。在菜单栏中选择"文件"→"置入嵌入对象"命令，在弹出的如图1-41所示的"置入嵌入的对象"对话框中选择素材文件 RW0101 素材 1.jpg，单击"置入"按钮，将素材图像置入文档中，如图 1-42 所示，在属性栏中单击"提交变换"按钮✓确认。

图 1-41　"置入嵌入的对象"对话框　　　　图 1-42　置入 RW0101 素材 1.jpg

3）重复上述操作，置入 RW0101 素材 2.jpg。在属性栏中单击"保持长宽比"按钮，设置水平缩放 52% W: 52.00% ∞ H: 52.00%，然后按 Enter 键确认。

4）在工具箱中选择"移动工具"，按住鼠标左键，在海报图片上拖动至车站广告栏空白处，结果如图 1-38 所示。

5）菜单栏中选择"文件"→"存储"命令，在弹出的"另存为"对话框中选择存储位置后单击"保存"按钮，保存文档。

2. 其他视角展示

1）打开素材文件。菜单栏中选择"文件"→"打开"命令，在弹出的如图 1-43 所示的"打开"对话框中选择素材文件 RW0101 素材 3.jpg，单击"打开"按钮，打开素材文件。

图 1-43　"打开"对话框

2）复制素材至新建文档。

①使用 Ctrl+A 组合键全选当前图层图像，使用 Ctrl+C 组合键将选区内容复制到剪贴板中。

②在菜单栏中选择"文件"→"新建"命令，在弹出的如图 1-44 所示的"新建文档"对话
　框中的"最近使用项"中选择剪贴板，并设置预设详细信息：名称为 RW0101-2，单击"创
　建"按钮。

图 1-44　"新建文档"对话框 2

③使用 Ctrl+V 组合键将素材 3 粘贴到新建的 RW0101-1 文档中，结果如图 1-45 所示。

3）将海报粘贴至展板。

①在菜单栏中选择"文件"→"置入嵌入对象"命令，将素材 RW0101 素材 2.jpg（图 1-46）
　置入 RW0101-1 文档中。

②在菜单栏中选择"编辑"→"变换"→"扭曲"命令，如图 1-47 所示，使用鼠标左
　键按住左上角控制点向内拖放至素材 1 白框内左上角。

③如图 1-48 所示，使用鼠标左键按住右上角控制点向内拖放至白框右上角。使用同样
　方法分别将 4 个控制点拖放至白框的 4 个角，结果如图 1-49 所示。

图 1-45　粘贴素材

图 1-46　置入 RW0101 素材 2.jpg

图 1-47　调整左上角

图 1-48　调整右上角

图 1-49　贴图完成

4）重复上述操作步骤 3），将素材 RW0101 素材 4.jpg 置入，扭曲至素材右侧白框内。结果如图 1-39 所示。

工作任务 1.2　APP 界面展示

【工作任务】

APP 界面便捷了每个人的生活，本任务要求将如图 1-50 所示的 APP 界面放置到如图 1-51 所示的手机模拟图中。

图 1-50　APP 界面

图 1-51　手机展示效果

【任务解析】

APP 界面的特点是简洁美观实用，展示在手机屏幕的效果图会更加直观地折射设计效果。完成本任务需要了解图片格式和特点，掌握 Photoshop 移动工具移动和缩放图片的方法。

【任务实施】

1）新建名为 RW0102.psd 的文档，大小为 1200×1200 像素、分辨率为 300 像素 / 英寸、颜色模式为 RGB 颜色模式、背景为白色。

2）如图 1-52 所示分别置入素材文件 RW0102 素材 1.jpg 和 RW0102 素材 2.png。

3）在"图层"面板中单击选择素材 1 所在的图层，在工具箱中选择"移动工具"，按住鼠标左键拖动 APP 界面图使其左上角与素材 2 手机屏幕的左上角对齐，如图 1-53 所示。

图 1-52　置入素材 1 和素材 2

图 1-53　移动素材 1

4）使用 Ctrl+T 组合键，调出如图 1-54 所示的调节柄，按住 Shift 键的同时按住鼠标左键拖动右下角调节柄，将图片等比例放大至与屏幕等宽，如图 1-55 所示，然后按 Enter 键确认。

图 1-54　调出调节柄

图 1-55　等比例放大素材

工作任务 1.3　风景图展示

【工作任务】

自然风光在摄影师的镜头下构成了不同的欣赏角度，本任务要求完成如图 1-56 所示的风景图展示。

图 1-56　风景图展示效果

【任务解析】

本任务的重点是使用 3 个正方形风景图组成一个立方体，完成本任务需要使用斜切和扭曲命令。

【任务实施】

1）新建名为 RW0103.psd 的文档，大小为 2800×1760 像素、方向为横向、分辨率为 300 像素 / 英寸、颜色模式为 RGB 颜色模式、背景为白色。

2）置入 RW0103 素材 1.jpg。

3）组合立方体的第一个侧面。

①置入 RW0103 素材 2.jpg，使用"移动工具"将其移动至如图 1-57 所示的位置。

②在菜单栏中选择"编辑"→"变换"→"斜切"命令，出现控制点，如图 1-58 所示，将鼠标指针移动至素材 2 右侧，当鼠标指针变为 时按住左键向下拖动，将图片斜切 30° 释放鼠标左键，如图 1-59 所示，按 Enter 键确认。

图 1-57　置入素材并移动位置

③使用 Ctrl+T 组合键调出控制点，如图 1-60 所示，将鼠标指针移动至素材 2 右侧，当鼠标指针变为 时按住左键向左拖动，使素材底尖与白色正六边形底尖对齐，完成后的效果如图 1-61 所示。

图 1-58　出现控制点

图 1-59　图片斜切 30° 后的效果

图 1-60　调出控制点

图 1-61　素材调整后的效果

4）重复上述操作置入 RW0103 素材 3.jpg，如图 1-62 所示。将素材 3 移动至白色六边形右侧边上，斜切并由左向右收缩，结果如图 1-63 所示。

图 1-62　置入 RW0103 素材 3.jpg

图 1-63　素材 3 斜切并收缩后的效果

5）置入 RW0103 素材 4.jpg，使用"移动工具"将其移动至如图 1-64 所示的位置。使用 Ctrl+T 组合键调出控制点，按住 Ctrl 键，如图 1-64~ 图 1-66 所示分别拖动控制点至其他 3 个白色区域顶点，结果如图 1-56 所示。

图 1-64　置入 RW0103 素材 4.jpg

图 1-65　扭曲素材 4

图 1-66　调整素材 4

6）保存文件并导出备用。

项目小结

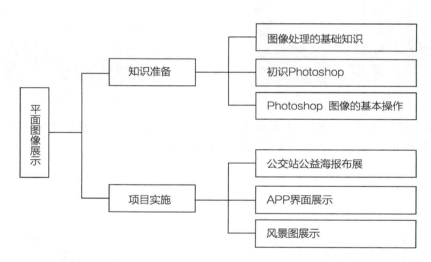

项目 1 中的主要快捷键如表 1-1 所示。

表 1-1　项目 1 中的主要快捷键

序号	操作命令	快捷键	序号	操作命令	快捷键
1	新建文档	Ctrl+N	5	显示隐藏标尺	Ctrl+R
2	打开文档	Ctrl+O	6	显示隐藏网格	Ctrl+'
3	保存文档	Ctrl+S	7	图像大小	Ctrl+Alt+I
4	关闭文档	Ctrl+W	8	画布大小	Ctrl+Alt+C

能力巩固与提升

一、填空题

1）位图是基于像素的栅格图像，由若干_____排列组成，且每个_____都有固定的_____和_____。

2）矢量图形是由数学方式进行描述的_____、_____、_____、_____和_____等组合而成。

3）图像的分辨率是位图图像每英寸所包含的像素数量。图像的分辨率越高图像也就_____，图像质量也就_____。

4）在 Photoshop 中，_____模式的图像可以和位图模式进行转换。

5）_____是一种彩色印刷和打印经常使用的颜色模式。CMYK 分别代表 4 种油墨颜色，C 代表_____、M 代表_____、Y 代表_____、K 代表_____。

6）在 Photoshop 中，为方便用户使用提供了 4 种颜色的工作界面方案，设置操作如下：在菜单栏中选择"_____"→"_____"→"_____"命令，在弹出的对话框中设置界面颜色方案。

7）在使用 Photoshop 进行各种平面设计时，不同的应用可以使用不同的分辨率：一般来说用于网络和屏幕处理可以使用_____像素 / 英寸；用于打印输出可以使用_____像素 / 英寸；用于大面积彩色喷绘可以使用_____像素 / 英寸。

8）Photoshop 文档默认的扩展名为_____。

二、基本操作练习

反复练习以下操作，最终达到独立完成的目的。

1）启动 Photoshop 软件，并设置自己喜欢和方便的工作界面，然后退出软件。

2）启动 Photoshop 软件，进行新建、保存和关闭文档的操作，包括快捷键的使用。

3）熟悉本项目涉及的主要快捷键。

三、巩固训练

1. 制作电梯广告

素材 1　　　　　　　　　　素材 2　　　　　　　　　　结果

2. 制作站台公益广告展示效果

素材 1

素材 2

素材 3

素材 4

素材 5

结果

四、拓展训练

1. 交流与训练

1）以个人为单位通过网络和企业调研，了解各种图像模式的应用范围，了解各行业对平面设计的要求。

2）分组交流讨论个人收集的信息，总结各种图像模式编辑的特点和各行业对平面设计的基本要求。

2. 项目实训

项目名称：小区宣传栏张贴效果。

项目准备：观察居住的小区，寻找张贴公告的广告栏和宣传栏，搜集资料和素材，并和小区物业人员讨论设计方案。

内容与要求：

1）自行拍摄和整理小区广告栏和宣传栏的景观，制作各种通知及广告的张贴效果。

2）展示效果实用美观，符合小区整体风格和特点。

3）效果图展示全面，包括多视角、大景观和局部特写。

项目 2
照片处理

❖ **项目描述**

照片处理是 Photoshop 图像处理中的一个非常重要的应用领域，在图像处理过程中经常需要选择或选取图像中的某一部分或是对图像进行部分的修饰，Photoshop 的选区和修饰工具就可以提供这种功能。本项目主要学习使用 Photoshop 中的选框、套索和魔棒等选区工具创建选区，学习修饰工具的使用方法与技巧，能够运用选区工具和修饰工具完成相应的图像处理工作任务。

❖ **学习目标**

1）了解和掌握 Photoshop 中的各种选区工具、修饰工具、仿制工具和擦除工具的编辑方法。

2）掌握选区和修饰等工具的操作方法和技巧。

3）具有运用所学知识完成项目、工作任务、课后习题与操作训练的能力。

4）培养和树立高尚的职业道德和服务社会的意识。

【知识准备】——选区工具

2.1　选框工具组

Photoshop 中的选框工具有矩形选框工具、椭圆选框工具、单行选框工具和单列选框工具 4 种创建规则选区的选框工具，如图 2-1 所示。利用这些工具，用户可以创建一些规则的选区。本节将学习这些选框工具的使用方法和技巧。

图 2-1　选框工具组

2.1.1　矩形选框工具

矩形选框工具用于创建矩形选区，具体操作如下：

1）在工具箱中选择"矩形选框工具"，"矩形选框工具"的属性栏如图 2-2 所示。

①新选区：此选项为系统默选项，用于创建一个新的选区，如果已有选区，新选区创建

后原来选区会被取消。

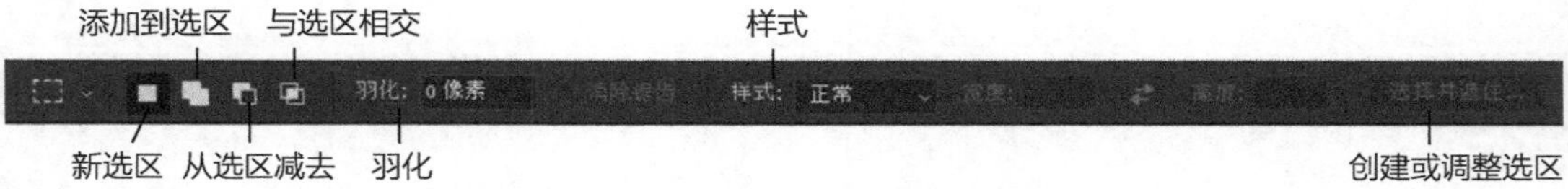

图 2-2　"矩形选框工具" 的属性栏

②添加到选区：单击此按钮或是按住 Shift 键，和已有选区相加生成新选区。

③从选区减去：单击此按钮或是按住 Alt 键，在已有选区中减去与新选区重合的区域生成新选区。

④与选区相交：单击此按钮或是按住 Shift+Alt 组合键，新选区与已有选区重合的区域生成新选区。

⑤羽化：用于羽化选区边缘，可以通过在文本框中输入数值来设置羽化的程度，数值范围是 0 ～ 1000 像素，其中数值为 "0" 时不对选区边缘进行羽化，数值越大选区内的图像边缘就越模糊。

⑥样式：用于设置创建的选区的形状，有正常、固定比例和固定大小 3 个选项。

a. 正常：此选项为系统默认的样式。拖动鼠标可以创建任意矩形形状的选区。

b. 固定比例：用于设置选区宽度和高度的比例。选择此选项后，右侧的宽度和高度则被激活，可输入宽度和高度的比例数值，并按此比例创建新选区。

c. 固定大小：用于设置创建选区的大小。选择此选项后，右侧的宽度和高度文本框则被激活，在宽度和高度文本框中输入数值，新创建的选区大小与设置的数值一致。

2）绘制矩形选区：单击并拖动鼠标创建选区。当同时按下 Shift 键时选区为正方形。如果设置为 "固定大小"，在图像上单击即可创建选区。

3）取消选区。如果想取消选区，则在选区外任意位置单击或使用 Ctrl+D 组合键即可取消选区。

打开一个图像文件，分别创建以下几种选区：

1）任意大小的矩形选区。

2）宽度和高度比例为 1:3 的选区。

3）宽度和高度大小固定的选区。

4）结合前面创建的选区，分别设置选区相加、相减和相交，创建新的选区。

2.1.2　椭圆选框工具

椭圆选框工具用于创建椭圆形选区，具体操作如下：

1）在工具箱中选择 "椭圆选框工具"。

2） "椭圆选框工具" 的属性栏与 "矩形选框工具" 的属性栏相同，操作方法也相同，这里不再赘述。

3）绘制椭圆形选区：单击并拖动鼠标创建选区，同时按下 Shift 键时选区为正圆形。如果设置为"固定大小"，在图像上单击即可创建选区。

练一练　　　新一个空白文档，使用"矩形选框工具"和"椭圆选框工具"，利用选区的相加、相交和相减绘制如图 2-3 所示的选区。

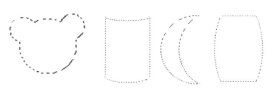

图 2-3　利用选框工具绘制的图形

2.1.3　单行选框工具和单列选框工具

单行选框工具和单列选框工具用于创建单位像素为 1 的选区，具体操作如下：

1）在工具箱中选择"单行选框工具"或"单列选框工具"。

2）在图像中单击则创建以单击点为基点的高度或宽度为"1"的横向或纵向选区。

提示

利用"单行选框工具"或"单列选框工具"可以制作水平或垂直线。

使用鼠标拖动或键盘上的光标键可以移动选区，移动时，光标每次移动 1 像素，如同时按住 Shift 键可以一次移动 10 像素。

2.2　套索工具组

套索工具组包括套索工具、多边形套索工具和磁性套索工具，如图 2-4 所示。本节将学习这些工具的使用方法和技巧。

图 2-4　套索工具组

2.2.1　套索工具

套索工具用于创建任意形状的选区，用户可以选择图像中某一特定范围进行处理，具体操作如下：

1）在工具箱中选择"套索工具"，"套索工具"的属性栏如图 2-5 所示。

图 2-5　"套索工具"的属性栏

2）属性栏中各选项与选框工具中的相同，这里不再赘述。

3）创建选区：单击并拖动鼠标创建选区。将鼠标指针移到图像上，指针变为套索形状，单击并拖动鼠标，释放鼠标左键，即可按鼠标指针的移动轨迹创建选区。当鼠标指针的移动轨迹不是闭合区域时，结束点自动与起始点连接形成闭合选区。图 2-6 所示是利用套索工具选择了图像中的花的部分。

2.2.2 多边形套索工具

多边形套索工具用于创建多边形形状的选区，具体操作如下：

1）在工具箱中选择"多边形套索工具"，"多边形套索工具"的属性栏与"套索工具"的相同，这里不再赘述。

2）创建多边形选区：单击并拖动鼠标创建多边形选区。将鼠标指针移到图像上，指针变为多边形套索形状，在图像上单击确定多边形的起点，然后拖动鼠标并在多边形转折点处单击，最后将鼠标拖到起点处单击或在终点位置双击创建一个选区。当终点没有与起点重合时，系统会自动连接起点与终点形成闭合选区。图 2-7 所示是利用多边形套索工具创建的选区。

图 2-6　套索工具的应用

图 2-7　多边形套索工具创建的选区

> **提示**
>
> 在使用"多边形套索工具"创建选区的过程中，如转折点选择错误可以按 Delete 键删除当前转折点，每按一次 Delete 键就会删除一个转折点。

2.2.3 磁性套索工具

磁性套索工具用于沿图像颜色反差较大的色彩区域创建选区，主要用于选择边缘对比比较明显的图像，具体操作如下：

1）在工具箱中选择"磁性套索工具"，"磁性套索工具"的属性栏如图 2-8 所示。

| 羽化: 0 像素 | ☑ 消除锯齿 | 宽度: 10 像素 | 对比度: 10% | 频率: 57 | 选择并遮住… |

图 2-8　"磁性套索工具"的属性栏

其中，部分选项的功能及作用说明如下。

①宽度：用于设置磁性套索工具检测的范围，取值范围是 1 ～ 255 像素。数值越大检测的范围就越大，数值越小检测的范围越小。

②对比度：用于设置磁性套索工具检测的精确，取值范围是 1%～100%。数值越大检测的范围就越大，数值越小检测的范围越小。

③频率：用于设置选区转折节点的密度，取值范围是 0～100 的整数。数值越大节点越多，创建的选区越不易变形。

④钢笔压力：此工具只有安装了绘图板和驱动程序才可以使用，用于改变磁性套索的宽度。

2）创建选区：单击并拖动鼠标创建多边形选区。磁性套索的原理是根据基准像素颜色来选择选区范围。

在图像即将创建选区的边缘单击以确定基准像素颜色，然后沿着边缘拖动鼠标，系统会自动选择与基色相同的像素颜色区域，最后形成选区。图 2-9 所示是按图 2-8 的设置创建的多边形选区。

图 2-9 利用磁性套索工具创建选区

2.3 其他选择工具

除了以上两组选择工具，Photoshop 还提供了快速选择工具和魔棒工具，如图 2-10 所示，利用这两种工具可以快速创建选区或创建更复杂的选区。

图 2-10 快速选择工具组

2.3.1 快速选择工具

快速选择工具是 Photoshop 提供的一个功能比较强大的选择工具，是一个基于画笔模式的智能创建选区的工具。可以自动查找边缘并以边缘为界创建选区。快速选择工具的具体操作如下：

1）在工具箱中选择"快速选择工具"，"快速选择工具"的属性栏如图 2-11 所示。

图 2-11 "快速选择工具"的属性栏

其中的部分选项的功能及作用说明如下。

①画笔选择器：用于设置画笔的直径、硬度和间距等参数。

②对所有图层取样：选中此复选框，创建的选区会基于所有图层的像素取样。

③自动增强：选中此复选框会增强选区的边缘效果。

2）创建选区：单击并拖动鼠标创建多边形选区。首先单击确定基点像素颜色，然后慢慢拖动鼠标，系统自动查找边缘，最后释放鼠标左键生成选区。图 2-12 所示是利用快速选择工具选择了整个苹果。

提示

　　若选择的图像范围较小，则可以将画笔的直径调小，使选择更精确。若选择的图像范围较大，则可以将画笔直径调大，使选择更快速。

图 2-12　利用快速选择工具创建选区

2.3.2　魔棒工具

　　魔棒工具是 Photoshop 提供的基于像素颜色相同或相近快速创建选区的选择工具。魔棒工具的具体操作如下：

　　在工具箱中选择"魔棒工具"，"魔棒工具"的属性栏如图 2-13 所示。

图 2-13　"魔棒工具"的属性栏

　　其中的部分选项的功能及作用说明如下。

①取样大小：用于设置工具取样的最大像素数。

②容差：用于设置选取选区像素颜色的相近度，取值范围是 0～255。数值越大选取的颜色范围也越大，反之选取的颜色范围也越小。

③连续：选中此复选框后，创建连续的颜色相近或相同的选区；若不选中则可以创建不连续的颜色相同或相近的选区。

练一练

　　利用魔棒工具和快速选择工具创建选区。

　　1）打开素材图片 D02-01.jpg，选择"魔棒工具"，设置容差为 120，取消选中"连续"复选框，创建如图 2-14 所示的选区。

　　2）打开素材图片 D02-02.jpg，使用快速选择工具创建如图 2-15 所示的选区。

图 2-14　使用魔棒工具创建选区

图 2-15　使用快速选择工具创建选区

2.3.3　色彩范围

使用 Photoshop 中的"色彩范围"命令，可以快速选择图像或选区中指定的颜色或指定范围的颜色，具体操作如下：

1）打开素材图像 D02-01.jpg，如图 2-16 所示。

2）在菜单栏中选择"选择"→"色彩范围"命令，弹出"色彩范围"对话框，如图 2-17 所示。

图 2-16　素材图像

图 2-17　"色彩范围"对话框

①选择：可以在下拉列表选择创建选区的方式，包括取样颜色、红色、黄色、绿色等选项。

②颜色容差：用于设置被选择颜色的像素范围，取值范围是 0 ～ 200，数值越大，选择的像素颜色的范围就越大。此选项只适用于"取样颜色"方式。

③选择范围 / 图像：用于设置预览区域中显示的是图像还是选择范围。

④选区预览：用于设置图像文档窗口中选区的预览方式，包括无、灰度、黑色杂边、白色杂边和快速蒙版方式。

⑤载入：用于载入已经创建并保存的选区。

⑥存储：用于存储创建的选区。

⑦ ▨：吸管工具，在图像中单击，则以单击区域颜色作为创建选区的依据。

⑧ ▨：添加到取样，在图像中单击，可以将单击颜色区域添加到已创建的选区中。

⑨ ▨：从取样中减去：在图像中单击，可以将单击区域颜色从已创建的选区中减去。

> **提示**
>
> "色彩范围"命令可以理解为能随时调节容差的魔棒，在勾选"选择范围"选项后，调整容差，可以通过缩略图观看到即将生成的选区结果。
>
> "色彩范围"对话框中的添加到取样、从取样中减去，也可以像创建选区一样，取样时同时按住 Shift 和 Alt 键。使用"色彩范围"命令创建的选区如图 2-18 所示。

图 2-18　使用"色彩范围"命令创建的选区

3）在图 2-17 中，设置"颜色容差"为 120，在黄色花的部分单击，单击"确定"按钮后则选择了图像中黄色花的部分，如图 2-18 所示。也可以同时按住 Shift 或 Alt 键来增加或减小创建的选区。

2.4 选区编辑

2.4.1 移动选区

当创建选区后，如果想移动选区，可执行以下操作之一：

1）使用键盘移动选区：按键盘上的上、下、左、右方向箭头，每按一次会在相应的方向移动 1 像素，如同时按住 Shift 键可一次移动 10 像素。

2）用鼠标拖动选区：创建选区后，在属性栏中选择"新选区"模式，将鼠标指针移动到选区内，指针变为，单击并拖动鼠标即可移动选区。

3）使用 Space 键移动选区：在使用选框工具（矩形选框工具、椭圆选框工具、单行选框工具和单列选框工具）创建选区时，在释放鼠标左键之前，按住键盘上的 Space 键并拖动鼠标可以移动选区。

2.4.2 复制和移动选区内的图像

创建选区后，可以移动和复制选区内的图像，执行以下操作实现不同效果的复制或移动。

1）按住 Ctrl 键或单击工具箱中的"移动工具"，切换到移动工具，将鼠标指针移到选区内，当鼠标指针变为时，单击并拖动鼠标到结束位置，释放鼠标左键即可移动选区内的图像。

2）同时按住 Ctrl 和 Alt 键，当鼠标指针移到选区内时指针变为，单击并拖动鼠标到结束位置，释放鼠标左键即可复制选区内的图像。

3）在菜单栏中选择"编辑"→"拷贝"命令（快捷键为 Ctrl+C），然后在菜单栏中选择"编辑"→"粘贴"命令（快捷键为 Ctrl+V），系统会复制选区内的图像并生成一个新的图层，且新图层中复制的图像位置关系不变。也可以使用 Ctrl+J 组合键完成上述操作。

4）在菜单栏中选择"编辑"→"剪切"（快捷键为 Ctrl+X），然后在菜单栏中选择"编辑"→"粘贴"命令，系统会剪切选区内的图像并生成一个新的图层，且新图层中复制的图像位置关系不变，原图层内选区的内容消失。也可以使用 Ctrl+ Shift+J 组合键完成上述操作。

2.4.3 变换选区的操作

1. 变换选区

1）变换选区的命令如下。

①在菜单栏中选择"选择"→"变换选区"命令，选区四周出现控制点，如图 2-19 所示，即为选区变换编辑状态，拖动控制点可以变换选区。

②确认选区为变换编辑状态，在菜单栏中选择"编辑"→"变换"命令中的子菜单中可以选择更多的变换方式。

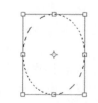

图 2-19　变换选区的控制点

2）变换选区内的图像。创建选区后，在菜单栏中选择"编辑"→"自由变换"命令或使用 Ctrl+T 组合键，选区图像四周会出现控制点，用鼠标拖动控制点，可将图像变形。也可以在菜单栏中选择"编辑"→"变换"子菜单中的命令，或右击也可获得更多的变形方式。

注意：变换选区和变换选区内的图像是完全不同的。变换选区需在菜单栏中选择"选择"→"变换选区"命令，然后执行"编辑"→"变换"命令中的子菜单。

变换选区内的图像时，需在菜单栏中选择"编辑"→"自由变换"命令，图 2-20 和图 2-21 分别是变换选区和变换选区内的图像的效果。

图 2-20　变换选区　　　　图 2-21　变换选区内的图像

2. 扩大选取

利用扩大选取功能可以将选区均匀地向外扩大，选择菜单栏中的"选择"→"扩大选取"命令，将扩展选取与选区相邻的相同像素。

3. 选取相似

选取相似功能可以将图像中与选区相同像素的所有像素都添加到已有选区中，选择菜单栏中的"选择"→"选取相似"命令，选取与选区相同的像素。

4. 反选选区

反选选区功能可以选择原有选区之外的所有区域，选择菜单栏中的"选择"→"反向"命令（快捷键为 Ctrl+Shift+I），选取选区之外的所有区域。

5. 边界

"边界"命令是在已有选区基础之上扩展，扩展区域会形成一个新的选区，具体操作如下：

1）打开素材图像 D02-04.jpg，创建一个选区，如图 2-22 所示。

图 2-22　使用"边界"命令前的选区　　　　图 2-23　使用"边界"命令后的选区

2) 选择菜单栏中的"选择"→"修改"→"边界"命令, 在弹出的对话框中设置"宽度"为 10 像素, 单击"确定"按钮, 效果如图 2-23 所示。宽度值越大选区向外扩展的区域也就越大。

6. 平滑

平滑功能可以平滑已有选区的边缘, 使选区更平滑, 具体操作如下:

1) 打开素材图像 D02-02.jpg, 创建一个选区, 如图 2-24 所示。

2) 选择菜单栏中的"选择"→"修改"→"平滑"命令, 在弹出的对话框中设置"半径"为 10 像素, 单击"确定"按钮, 效果如图 2-25 所示。半径越大平滑的区域也越大, 最后形成的选区也越平滑。

图 2-24　平滑前的选区　　　　　图 2-25　平滑后的选区

7. 扩展

扩展功能用于扩展选区, 具体操作如下:

1) 打开素材图像 D02-02.jpg, 创建一个选区, 如图 2-24 所示。

2) 选择菜单栏中的"选择"→"修改"→"扩展"命令, 在弹出的对话框中设置"扩展量"为 10 像素, 单击"确定"按钮, 效果如图 2-26 所示。扩展量越大选区向外扩展的区域就越大。

8. 收缩

收缩功能是将已有选区按照设置进行收缩, 具体操作如下: 选择菜单栏中的"选择"→"修改"→"收缩"命令, 在弹出的对话框中设置"收缩量"收缩选区。图 2-27 所示是在图 2-18 的基础上设置"收缩量"为 40 像素的效果。

图 2-26　扩展选区　　　　　图 2-27　收缩选区

9. 羽化

羽化功能是 Photoshop 提供的一个对选区边缘进行羽化处理的功能, 羽化后的选区边缘会产生内外衔接部分虚化的效果，具体操作如下：

1）打开素材图像 D02-01.jpg，创建一个矩形选区，如图 2-28 所示。

2）选择菜单栏中的"选择"→"修改"→"羽化"命令（快捷键为 Shift+F6），在弹出的对话框中设置"羽化半径"为 40 像素，单击"确定"按钮，效果如图 2-29 所示。半径越大选区边缘柔化处理的范围就越大。

3）羽化经常用到图像合成中。羽化后的选区内的图像在合成图像时会有很好的边缘过渡效果，没有羽化的则边缘融合效果不好。图 2-30 和图 2-31 所示分别是将素材 D02-01.jpg 羽化 20 像素和没有羽化复制到素材 D02-05.jpg 中的效果。

图 2-28　创建矩形选区

图 2-29　羽化选区后的效果

图 2-30　羽化后合成图像的效果

图 2-31　没有羽化合成图像的效果

2.4.4　描边选区

利用描边功能可以为选区描边，具体操作如下：

1）打开素材图像 D02-05-1.jpg，使用"快速选择工具"选择花的部分为选区，如图 2-32 所示。

2）选择菜单栏中的"编辑"→"描边"命令，弹出"描边"对话框，如图 2-33 所示。

"描边"对话框中的部分选项说明如下。

图 2-32　创建选区

①宽度：用于设置描边的宽度，取值范围是 1 ～ 255 像素，数值越大描边宽度就越宽。

②颜色：用于设置描边的颜色，单击选框可以在弹出的对话框中选择颜色。图 2-33 中是黄绿色（RGB 为 225、193、33）。

③位置：用于设置相对于选区边缘描边的位置，包括内部、居中和居外 3 个选项。

④模式：用于设置描边的混合模式。

⑤不透明度：用于设置描边的不透明度，取值范围是 0% ～ 100%。

3）按图 2-33 进行设置，单击"确定"按钮，效果如图 2-34 所示。

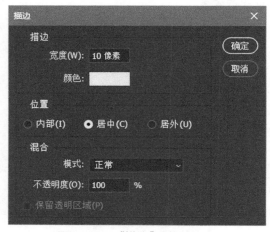

图 2-33　"描边"对话框

图 2-34　选区描边的效果

2.4.5　填充选区

在 Photoshop 中可以为选区填充前景色、背景色或图案等，具体操作如下：

1）创建一个椭圆形选区，如图 2-35 所示。

2）设置文档前景色为红色、背景色为绿色。

3）选择菜单栏中的"编辑"→"填充"命令（快捷键为 Shift+F5），弹出"填充"对话框，如图 2-36 所示。

图 2-35　椭圆形选区

图 2-36　"填充"对话框

"填充"对话框中的部分选项说明如下。

①内容：用于设置用前景色、背景色、图案或颜色来填充选区，这里选择前景色。其中，"自定图像"选项在选择图案时被激活。

②模式：用于设置填充色与原图像的混合模式。

③不透明度：用于设置填充的不透明度，取值范围是 1% ～ 100%，其中 100% 是完全不透明的填充。

④保留透明区域：选中此复选框，填充时不会填充空白处。此选项只有在选区或图层中有透明部分时才可以使用。

4）按图 2-37 进行设置，将选区填充为文档前景色——红色。

　执行快捷键：Alt+Delete, 用前景色填充选区或图层

　执行快捷键：Ctrl+Delete, 用背景色填充选区或图层

2.5　图像修饰工具

在 Photoshop 工具箱中，有修复工具组、模糊工具组和减淡工具组，共 3 组 11 个工具用于修饰图像，如图 2-37 ～图 2-39 所示。下面我们就学习这些工具的基本操作和应用技巧。

图 2-37　修复工具组

图 2-38　模糊工具组

图 2-39　减淡工具组

2.5.1　污点修复画笔工具

污点修复画笔工具常用于快速修复图像中的污点或瑕疵，具体操作如下：

1）打开素材图像 D02-09.jpg，如图 2-40 所示，图中皮肤上 3 处有污点。

2）在工具箱中选择"污点修复画笔工具"，其属性栏如图 2-41 所示。

①模式：用于设置修复时的图像混合模式。

②类型：有近似匹配、创建纹理和内容识别 3 个选项。

图 2-40　素材图像 D02-09.jpg

a. 近似匹配：选择此选项，在修复没有选区的污点时系统会自动选取污点周围的像素为样本；在修复已有选区的污点时，系统会选取选区周围的像素作为样本。

图 2-41　污点修复画笔工具属性栏

b. 创建纹理：选择此选项，会基于选区内的所有像素创建一个纹理用于修复图像。

c. 内容识别：是根据周围的像素，智能识别污点修复区域。

3）调整画笔的直径大小，然后在污点处单击，即可修复图像。修复后的图像如图 2-42 所示。

当污点较严重时，可适当多次在污点处反复使用"污点修复画笔工具"进行修复。使用"污点修复画笔工具"修复污点时，画笔直径要略大于污点。

图 2-42　使用"污点修复画笔工具"修复后的图像

2.5.2　修复画笔工具

修复画笔工具用于修复图像中的瑕疵或划痕。修复画笔是从被修复区域周围或相似像素区域取样，然后使用样本进行绘画，并可将样本的纹理、光照、透明度及阴影等与所修复的像素进行匹配，从而不留修复的痕迹。具体操作如下：

1）打开素材图像 D02-10.jpg，如图 2-43 所示，图中石碑上有两处污迹。

2）在工具箱中选择"修复画笔工具"，其属性栏如图 2-44 所示。

①源：用于设置修复的像素源，有取样和图案两个选项。取样是指使用当前图像中的像素源作为修复的样本，此选项要按住 Alt 键来取样。图案是指使用图案来修复图像，此选项不用取样，只需从图案库中选择图案即可。

②对齐：选中此复选框，则连续对像素进行取样，即使释放鼠标左键，也不会丢失当前取样点。不选中此复选框，则会在每次停止并重新开始绘制时使用初始取样点中的样本像素。

③样本：用于从指定的图层中进行数据取样。

④扩散：用于调整扩散程度。

图 2-43　素材图像 D02-10. jpg

图 2-44　"修复画笔工具"的属性栏

3）取样。一般取样位置是在瑕疵或划痕附近的区域。将鼠标指针指向取样位置，然后按住 Alt 键同时单击设置取样点。

　　4）取样后在瑕疵或划痕位置单击进行修复，对于较严重的瑕疵可以反复单击，最后达到修复图像的目的。修复后的图像如图 2-45 所示。

练一练　　打开素材图像 D02-11.jpg，如图 2-46 所示，从图中可以看出有明显的划痕和污点，所以要使用"污点修复画笔工具"和"修复画笔工具"对图像中的划痕和污点进行修复。

图 2-45　使用"修复画笔工具"修复后的图像

图 2-46　素材图像 D02-11.jpg

2.5.3　修补工具

　　修补工具也是用于修补图像的，使用修补工具可以用其他区域或图案中的像素来修复选中的区域。同修复画笔工具一样，修补工具也会将样本像素的纹理、光照和阴影与源像素进行匹配。具体操作如下：

　　1）打开素材图像 D02-12.jpg，如图 2-47 所示，为图中左下角的兔子创建选区。

　　2）在工具箱中选择"修补工具"，其属性栏如图 2-48 所示。

图 2-47　素材图像 D02-12.jpg

图 2-48　"修补工具"的属性栏

①选区模式：用于创建修补的选区，操作与前面选区部分一样。

②源：选择此选项，则创建的选区是要修补的对象，在拖动鼠标时会用鼠标指针指向位置的像素来修补选区。

③目标：选择此选项，与源相反，是以选区作为样本来修补其他位置的像素。在拖动鼠标时会用选区来修补鼠标指针指向的位置。

④透明：选中此复选框，则被修补区域与周围图像的边缘及内部纹理都会相融合；不选中此复选框，则在修补时只融合边缘区域，内部纹理不会被融合。

⑤使用图案：选择此功能时要先在图案库中选择要使用的图案，然后单击使用图案，则会用图案纹理修补选区。

3）分别选择"源"和"目标"选项，然后向左拖动鼠标到草地位置，修补图像，效果如图 2-49 和图 2-50 所示。

图 2-49　选择"源"修补的效果

图 2-50　选择"目标"的修补效果

如果没有创建选区，也可使用"修补工具"创建选区，且按 Shift 键添加到选区等功能均可以使用。

选择较小范围的选区修补效果一般会好于较大范围的选区。

打开素材图像 D02-13.jpg，如图 2-51 所示，利用"修补工具"复制图中桌子上的杯子，得到如图 2-52 所示的效果。

练一练

图 2-51　素材图像 D02-13.jpg

图 2-52　使用"修补工具"修补的效果

2.5.4　内容感知移动工具

内容感知移动工具 ✕ 可以将选定的区域移动到图像中的任一位置，移动后的空隙位置，Photoshop 会智能修复，效果非常真实。具体操作如下：

1）打开素材文件 D02-12.jpg，如图 2-47 所示。

2）在工具箱中选择"内容感知移动工具"，其属性栏如图 2-53 所示。

图 2-53　"内容感知移动工具"的属性栏

①模式：有"移动"和"扩展"两个选项。"移动"用于移动选定的区域；"扩展"用于复制选定的区域。

②结构：调整源结构的保留严格程度，单击可以使用滑块选择，取值范围为 1 ～ 7。

③颜色：调整图像的色彩，单击可以使用滑块选择，取值范围为 0 ～ 10。

3）按下鼠标左键并拖动，在左下角的兔子区域绘制出选区，如图 2-54 所示。

4）在属性栏中设置"模式"为移动、"结构"为 4、"颜色"为 7。

5）然后在选区中再按住鼠标左键并拖动，到目标位置后释放鼠标左键，则选定区域就会移动到新的位置，且原来的位置系统会智能修复。

6）按 Ctrl+D 组合键取消选区，最终的效果如图 2-55 所示。

图 2-54　选定区域　　　　　图 2-55　内容感知移动工具效果图

1）打开素材图像 D02-14.jpg，如图 2-56 所示。

2）在工具箱中选择"内容感知移动工具"，创建如图 2-57 所示的选区。

3）按 Ctrl+J 组合键，复制选区，创建新的图层"图层 1"。

4）在"图层"面板中选择新建的"图层 1"。

练一练

5）在"内容感知移动工具"属性栏中设置"模式"为移动、"结构"为 4、"颜色"为 7，选中"对所有图层取样"复选框。

6）单击将选区中的内容拖动到目标位置，然后释放鼠标左键。

图 2-56　素材图像 D02-14.jpg

图 2-57　创建要复制的选区

7）在菜单栏中选择"编辑"—"变换"—"水平翻转"命令，将复制内容拖动到合适的位置，如图 2-58 所示。

8）在工具箱中选择"矩形选框工具"，在原选区位置绘制选区，如图 2-59 所示。

9）按 Delete 键，删除"图层 1"中系统生成的区域，得到最终效果，如图 2-60所示。

图 2-58　复制内容到合适位置

图 2-59　绘制矩形选区

图 2-60　最终效果图

2.5.5　红眼工具

红眼工具一般用于快速修复用闪光灯拍摄的人像或动物照片中的红眼，也可以修复用闪光灯拍摄的动物照片中的白色或绿色反光部分。具体操作如下：

1）在工具箱中选择"红眼工具"，其属性栏如图 2-61 所示。

瞳孔大小: 50%　变暗量: 50%

图 2-61　"红眼工具"的属性栏

2）属性栏中的含义（前面介绍过的不再介绍）说明如下。

①瞳孔大小：增大或减小受红眼工具影响的区域，取值范围是 1% ～ 100%。

②变暗量：设置校正的暗度，取值范围是 1% ～ 100%。

3）在照片中红眼的眼睛上单击，修复图像，可以调整选项参数或多次单击鼠标以达到最佳效果。

2.5.6　减淡工具和加深工具

减淡工具和加深工具用于调整图像的亮调和暗调。使用减淡工具或加深工具在某个区域上方绘制的次数越多，该区域就会变得越亮或越暗。具体操作如下：

1）在工具箱中选择"减淡工具"（或"加深工具"），其属性栏如图 2-62 所示（减淡工具和加深工具的属性栏中的选项一样）。

图 2-62　"减淡工具"（或"加深工具"）的属性栏

①范围：用于设置要修改的区域，有中间调、阴影和高光 3 个选项。

②曝光度：用于设置图像曝光的强度，取值范围是 1% ～ 100%。

③保护色调：选中此复选框，在使用减淡工具或加深工具处理图像时将对图像中存在的颜色进行保护，防止色调发生偏移。

2）在要变亮或变暗的图像部分上单击或拖动鼠标来减淡或加深图像。

2.5.7　海绵工具

海绵工具一般用于精确地更改区域的色彩饱和度。当图像处于灰度模式时，该工具通过使灰阶远离或靠近中间灰色来增加或降低对比度。具体操作如下：

1）在工具箱中选择"海绵工具"，其属性栏如图 2-63 所示。

图 2-63　"海绵工具"的属性栏

2）其中部分选项的含义说明如下。

①模式：用于设置更改颜色的方式，有"加色"（增加颜色饱和度）和"去色"（减少颜色饱和度）两个选项。

②自然饱和度：选中此复选框，在使用"海绵工具"修复时，会基于原图像中的颜色饱和度选择性地进行调整，从而形成更为优质的饱和度效果。

3）在图像上单击或拖动鼠标来修饰图像。

2.5.8　模糊工具

模糊工具通过降低像素之间的反差来柔化硬边缘或减少图像中的细节。具体操作如下：

1）在工具箱中选择"模糊工具"，其属性栏如图 2-64 所示。

图 2-64　"模糊工具"的属性栏

①模式：用于设置模糊的模式。

②强度：用于设置模糊工具的模糊强度，取值范围是 1% ～ 100%。数值越大模糊效果越明显，数值越小模糊效果越不明显。

③对所有图层取样：选中此复选框，则在应用"模糊工具"时会针对所有可见图层取样。

2）在图像上单击或拖动鼠标来修饰效果。图 2-65 所示是使用"模糊工具"前后的效果。

图 2-65　模糊工具修饰图像效果对比

2.5.9　锐化工具

锐化工具与模糊工具达到的修饰效果正好相反，通过增加像素之间的反差，来增加边缘的对比度，达到清晰边线的效果。具体操作如下：

1）在工具箱中选择"锐化工具"，其属性栏如图 2-66 所示。

图 2-66　"锐化工具"的属性栏

"锐化工具"的属性栏与"模糊工具"的属性栏基本一样，但多出"保护细节"选项，选中此复选框，可以增强细节并使因像素化而产生的不自然感最小化。若要得到夸张的锐化效果，则取消选中该复选框。

2）在图像上单击或拖动鼠标来修饰图像。图 2-67 所示是使用"锐化工具"前后的效果。

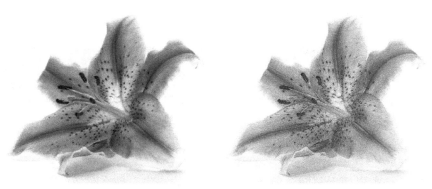

图 2-67 "锐化工具"修饰图像的效果对比

提示

通过"模糊工具"将原本清晰的边缘淡化，整体就感觉变模糊了。"锐化工具"会将模糊部分变得清晰，这里的清晰是相对的，它并不能使拍摄模糊的照片变得清晰，也不能将锐化工具和模糊工具作为互补工具使用。

2.5.10 涂抹工具

涂抹工具是模拟将手指拖过湿油漆时所看到的效果。该工具可拾取描边开始位置的颜色，并沿拖动的方向展开这种颜色。具体操作如下：

1）在工具箱中选择"涂抹工具"，其属性栏如图 2-68 所示。

图 2-68 "涂抹工具"的属性栏

①强度：用于设置涂抹的强度，取值范围是 1% ~ 100%。

②手指绘画：选中此复选框，涂抹时会产生前景色与起始点颜色混合的效果，不选中此复选框，则使用起始点的颜色进行涂抹。

2）在图像上拖动鼠标来涂抹图像。图 2-69 所示是使用"涂抹工具"（没有选中"手指绘画"复选框）的前后效果。

图 2-69 涂抹工具修饰图像效果对比

2.6 图章工具

在 Photoshop 工具箱中，图章工具组提供了仿制图章工具和图案图章工具两种，如图 2-70 所示。此外，还提供了仿制源面板，通过这些工具用户可以轻松地实现一些仿制工作。

图 2-70　图章工具

2.6.1　仿制图章工具

仿制图章工具主要用于复制对象或修复图像中的缺陷，是将图像的一部分绘制到同一图像的另一部分或绘制到具有相同颜色模式的任何打开的文档的另一部分，也可以将一个图层的一部分绘制到另一个图层。具体操作如下：

1）打开素材图像 D02-18.jpg，如图 2-71 所示。

图 2-71　素材图像 D02-18.jpg

2）在工具箱中选择"仿制图章工具"，其属性栏如图 2-72 所示。

图 2-72　"仿制图章工具"的属性栏

①🔲：切换仿制源面板。

②对齐：选中此复选框，在连续对像素进行取样时，即使释放鼠标左键，也不会丢失当前取样点。否则会在每次停止并重新开始绘制时使用初始取样点中的样本像素。

③样本：用于设置取样的图层，有当前图层、当前和下方图层和所有图层 3 个选项。

④🔲：用于设置在仿制时忽略调整图层。此工具在样本选项不是"当前图层"时被激活。

3）将鼠标指针指向要复制部分的起始点，在图 2-71 中左侧竹子的左下角位置，按住 Alt 键并单击取样。

4）在目标位置单击并拖动鼠标，实现图像的复制或修饰，效果如图 2-73 所示。

练一练　　打开素材图像 D02-19.jpg，如图 2-74 所示，利用"仿制图章工具"，修复图像宝贝左侧的污迹部分。

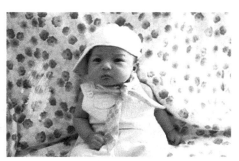

图 2-73　使用"仿制图章工具"复制的效果　　　图 2-74　素材图像 D02-19.jpg

2.6.2　图案图章工具

在图章工具组中还提供了图案图章工具，使用图案图章工具可以将预设的图案复制到文档中。具体操作如下：

1）在工具箱中选择"图案图章工具"，其属性栏如图 2-75 所示。

图 2-75　"图案图章工具"的属性栏

①对齐：选中此复选框时，能够保持图案与原始起点的连续性，即使释放鼠标左键后再继续绘画也不例外。否则在每次停止并开始时重新启动图案。

②印象派效果：选中此复选框，在复制图案时会产生具有印象派的效果。

2）在属性栏中选择相应的图案，在文档中拖动鼠标或单击均可复制图案到文档中。

2.6.3　"仿制源"面板

Photoshop 的"仿制源"面板提供了复制、旋转和位移等多种图像编辑工具，"仿制源"面板还可以设置多个取样点。

在菜单栏中选择"窗口"→"仿制源"命令，打开"仿制源"面板，如图 2-76 所示。其中，各选项的含义说明如下。

1）仿制源取样点 ：用来设置复制的取样点，与仿制图章的使用方法相同，在面板中一共有 5 个取样点工具，所以最多可以设置 5 个取样点，使用时单击取样点即可。

2）位移：用于设置取样点和目标点在 X 轴和 Y 轴上的位移。

3）缩放：用于设置仿制后图像的缩放比例。

4）旋转 △和复位 ↻：旋转，用于设置仿制后图像旋转的角度。复位，单击可以清除旋转角度的设置。

5）帧位移和锁定帧：分别用于设置动画中帧的位移和被仿制的锁定。

6）显示叠加：选中此复选框，在仿制图像时会显示预览效果。

7）不透明度：用于设置仿制时取样图层的不透明度。

8）已剪切：选中此复选框将叠加限制为画笔大小，取消选中该复选框将叠加整个源图像。

9）自动隐藏和反相：选中"自动隐藏"复选框，仿制时将叠加层隐藏。选中"反相"复选框，叠加层的效果为负片显示。

图 2-76　"仿制源"面板

【项目实施】——照片处理

毕业季小赵同学到某影楼实习，师傅李老师为他布置了以下 3 个工作任务，看了任务单，小赵同学说，我只使用 Photoshop 中的选区工具就能完成任务，他真的能做到吗？

工作任务 2.1　制作艺术照

【工作任务】

拍摄艺术照是影楼的主要工作，本任务要求完成如图 2-77 ～图 2-79 所示的照片的后期制作。

【任务解析】

儿童艺术照的表现手法要突出孩子的天真和稚气，后期制作主要是以氛围烘托和添加童趣为主。完成本任务，需要熟练掌握 Photoshop 的抠图技巧，具备艺术创作和创新素养。

图 2-77　柔边加框

图 2-78　儿童艺术照戏蝶

图 2-79　儿童艺术照相册

【任务实施】

1. 柔边加框

1）新建照片文档。新建一个名称为 RW0201.psd 的文件，大小为 800×1200 像素方向为纵向、分辨率为 300 像素 / 英寸、背景为白色、颜色模式为 RGB 颜色模式。

2）置入背景素材。

①在菜单栏中选择"文件"→"置入嵌入对象"命令，在弹出的对话框中选择素材文件 RW0201 素材 .jpg，单击"确定"按钮，将图像置入文档中，拖动控制点，缩放到与画布大小相同。

②在菜单栏中选择"图层"→"栅格化"→"智能化对象"命令，将置入的智能化对象图层转换为普通图层。

3）羽化照片边缘。

①选择工具箱中的"矩形选框工具"，在其属性栏中设置羽化值为 30 像素，在当前图层中将鼠标指针放置在照片的左上角，按住鼠标左键向右下方拖动，绘制略小于图像的选区，如图 2-80 所示。

②在菜单栏中选择"选择"→"反选"命令，创建如图 2-81 所示的选区。按 Delete 键删除选区内容，如图 2-82 所示。使用 Ctrl+D 组合键取消选区，完成照片的边缘柔化工作。

图 2-80　建立选区　　　　图 2-81　反选选区　　　　图 2-82　删除选区内容

4）描绘边框。

①在"图层"面板中新建一个图层"图层 1"，在工具箱中选择"矩形选框工具"，在其属性栏中设置羽化值为 0 像素。

②按住鼠标左键在当前图层（图层 1）拖动创建如图 2-83 所示的选区。在菜单栏中选择"编辑"→"描边"命令，弹出"描边"对话框，如图 2-84 所示。

③在对话框中设置宽度为 10 像素、颜色为褐色（RGB 为 114、70、61）、位置为居中，其他默认，然后单击"确定"按钮，即在"图层 1"生成如图 2-85 所示的 10 像素褐色边框。

④在菜单栏中选择"选择"→"修改"→"收缩"命令，在弹出的"收缩选区"对话框中设置收缩量为 10 像素，单击"确定"按钮退出对话框，完成后的选区如图 2-86 所示。重复上述描边命令，描边宽度改为 3 像素。

⑤按 Ctrl+D 组合键取消选区，使用 Ctrl+S 组合键保存文档。

5）导出图像。

①在菜单栏中选择"文件"→"导出"→"导出为"命令，弹出"导出"对话框。

②在对话框中设置格式为 JPG，其他默认，单击"全部导出"按钮导出 JPG 格式的图片，完成后的效果如图 2-77 所示。

图 2-83　建立矩形选区　　　　　　　　图 2-84　"描边"对话框

图 2-85　为选区描边　　　　　　图 2-86　收缩选区

2. 戏蝶

1）新建一个名称为 RW0202.psd 的文档，大小为 1800×1200 像素、方向为横向、分辨率为 300 像素 / 英寸、背景为白色、颜色模式为 RGB 颜色模式。

2）置入背景素材。利用前面的方法置入素材文件 RW0202 素材 1.jpg，调整背景图使其充满整个画布，如图 2-87 所示。

3）人物抠图。

①在菜单栏中选择"文件"→"打开"命令（快捷键为 Ctrl+O），打开素材文件 RW0202 素材 2.jpg。

②在工具箱中选择"魔棒工具"，其属性栏设置如图 2-88 所示。

③在人物以外的灰色背景区域单击，建立灰色背景选区。然后使用 Ctrl+Shift+I 组合键反选选区，则生成的人物选区如图 2-89 所示。

图 2-87　背景图像

④在菜单栏中选择"编辑"→"拷贝"命令，将选区内容复制到剪贴板中。

图 2-88　"魔棒工具"的属性栏

4）复制人物到照片文件。

①单击 RW0202.psd 文件名标签切换到编辑状态，在菜单栏中选择"编辑"→"粘贴"命令，将剪贴板中的内容粘贴到 RW0202.psd 文件中。

②选择工具箱中的"移动工具"，在菜单栏中选择"编辑"→"变换"→"缩放"命令，然后拖动控制点调整人像大小并拖放到文档左下角的位置，如图 2-90 所示。

图 2-89　建立人物选区

图 2-90　贴入人物

5）装饰抠图。重复步骤 3）的做法，分别从素材文件 RW0202 素材 3.jpg 和 RW0202 素材 4.jpg 中复制蝴蝶素材到 RW0202.psd 的文件中，并使用移动工具调整蝴蝶的大小和位置，完成最终效果。为增加层次和空间效果，可以使用旋转、变形和扭曲功能，调整蝴蝶的大小和角度。使用"移动工具"同时按下 Ctrl 键，可以实现图像变形的效果。

6）保存并导出 JPG 图像。

3. 相册

1）新建一个名称为 RW0203.psd 的文档，大小为 1024×720 像素、分辨率为 300 像素 / 英寸、方向为横向、背景为白色、颜色模式为 RGB 颜色模式。

2）置入背景素材。在菜单栏中选择"文件"→"置入嵌入对象"命令，置入素材文件 RW0203 素材 1.jpg。

3）建立相框内的选区：使用"魔棒工具"建立左侧相框内灰色区域的选区，如图 2-91 所示。如果一次不能生成选区，可以在其属性栏中单击"添加到选区"按钮▇，通过多次添加选区生成选区。

4）照片贴入选区。

①打开素材文件 RW0203 素材 2.jpg，在菜单栏中选择"选择"→"全选"命令，选择全部内容。

②在菜单栏中选择"编辑"→"拷贝"命令，将照片复制到剪贴板中。

③切换到 RW0203.psd 文件，在菜单栏中选择"编辑"→"选择性粘贴"→"贴入"命令，将照片贴入选区中，并使用"移动工具"调整照片的大小和位置，完成后的效果如图 2-92 所示。

④重复前面的操作，将素材文件 RW0203 素材 3.jpg 贴入右侧相框内，结果如图 2-79 所示。

图 2-91　建立选区　　　　　　　　图 2-92　将照片贴入选区中

5）保存并导出 JPG 图像。

工作任务 2.2　制作证件照

【工作任务】

生活中经常要使用证件照，本任务要求将生活照制作成如图 2-93 所示的证件照，并将多张证件照设置为 A4 纸打印版式。

【任务解析】

证件照是证件上的用于证明身份的照片，要求是免冠（不戴帽子）正面照，背景色通常为红、蓝、白 3 色，大小多为一寸或小二寸。完成本任务，需要了解证件照的尺寸和纸张的大小（参见素材文件常用照片尺寸和纸张大小），掌握人物轮廓修剪（即抠图）的技能，掌握使用修复工具修图的技能。

注意：素材准备时，生活照片要符合证件照的要求，即清楚、正面且头部及两耳轮廓完整，为方便抠图和后期制作，背景的选择要简单并贴近于证件照的背景色。

【任务实施】

1. 抠图

①打开素材文件 RW0204 素材 1.jpg。

②在工具箱中选择"磁性套索工具"，在其属性栏中设置羽化值为 1 像素，目的是使人

像与背景更好地融合。在人物边缘单击并沿着人物图像边缘拖动鼠标，创建如图 2-94
所示的选区。

③选择菜单栏中的"编辑"→"拷贝"命令，将选区内容复制到剪贴板中。

图 2-93　一寸红底证件照　　　　图 2-94　创建选区

2. 制作红底一寸证件照

①新建一个名为 RW0204 一寸红底证件照 .psd 的文档，大小为
27mm×38mm(一寸彩照的尺寸)。分辨率为 300 像素 / 英寸、方向为纵向、
背景为红色（RGB 为 255、0、0）、颜色模式为 RGB 颜色模式。

②在菜单栏中选择"编辑"→"粘贴"命令，将剪贴板中的内容粘贴到文件中。

③在工具箱中选择"移动工具"，然后在菜单栏中选择"编辑"→"变换"→"缩放"命令，
使用鼠标拖动控制点调整人像的大小和位置，完成红底证件照的制作。

④保存文件并导出 JPG 图像，文件名为 RW0204 一寸红底证件照 .jpg。

3. 制作白、蓝底一寸证件照

重复步骤 2，新建名称为 RW0204 一寸白底证件照 .psd 和 RW0204 一寸蓝底证件照 .psd
的文档，背景色分别设置为白色（RGB 为 255、255、255）和蓝色（RGB 为 88、160、
201）。导出的 JPG 文件名分别为 RW0204 一寸白底证件照 .jpg 和 RW0204 一寸蓝底证件照 .jpg，
如图 2-95 所示。

图 2-95　一寸证件照

4. 制作小二寸证件照并美化肌肤

①新建一个文件名为 0204 小二寸证件照 .psd 的文档（33mm×48mm 为小二寸彩照的尺
寸），其他参数与一寸文档相同。

②重复步骤 2 将素材 RW0204 素材 2.jpg 中的人物图像复制到新建的文档中。

③在工具箱中选择"橡皮擦工具"，其属性栏中的参数调整如图 2-96 所示，
擦除头部多余头发。

④在工具箱中选择"污笔画笔修复工具",其属性栏设置如图 2-97 所示,在额头小黑点处单击进行修复。

⑤在工具箱中选择"修复画笔工具",按住 Alt 键在人物右侧稍亮的肌肤取样,然后松开 Alt 键在左侧肌肤涂抹,使左侧肌肤提亮并去除斑点。

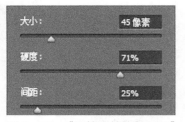

图 2-96 "橡皮擦工具"属性
栏中的参数

图 2-97 "污笔画笔修复工具"
属性栏中的参数

⑥在工具箱中选择"模糊工具",在其属性栏中设置大小为 50 像素,强度为 50%,在人物额头涂抹,使人物皮肤细腻,图 2-98 所示为修图前后对比。

图 2-98 修图前后对比

5. 设置打印版式

①新建一个名为 RW0204A4 打印版 .psd 的文档,在"新建文档"对话框中的"打印"选项组中选择"A4"版式。

②在菜单栏中选择"文件"→"置入嵌入对象"命令,置入 RW0204 一寸红底证件照 .jpg 文件,并将其栅格化为一个普通图层。

③使用"移动工具"选择照片,按住 Alt 键的同时拖动图像,则当前图层中的照片被复制到另一个新的图层中,重复上述操作 6 次后的结果如图 2-99 所示。拖放时注意第一张图片和最后一张图片的位置分别在位于画布的左右上角,距上且和左右的距离约为 60mm,即预留出打印边缘。

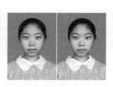

图 2-99 复制图层后的照片排列效果

④在"图层"面板中按住 Shift 键依次选择 6 个图层（选中这 6 个图层，不包含背景层），"图层"面板如图 2-100 所示，在属性栏中单击"顶端对齐" ⊤ 和"平均分布" ⬚ 两个按钮，即可将照片整齐、均匀排列，如图 2-101 所示。

⑤在"图层"面板上右击，在弹出的快捷菜单中选择"合并图层"命令。合并后的"图层"面板如图 2-102 所示。

⑥利用相同的方法分别排列小一寸和小二寸各种背景色的证件照，最后效果如图 2-103 所示。

⑦保存文档，然后在菜单栏中选择"文件"→"打印"命令，可将照片打印出来。

图 2-100　选择多个图层

图 2-101　对齐后的照片排列效果

图 2-102　合并后的"图层"面板

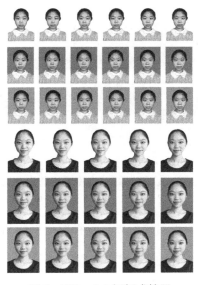

图 2-103　A4 纸版式效果

工作任务 2.3　修复照片

【工作任务】

本任务要求将有折痕和损坏的图片修复。

【任务解析】

图片损坏总会让人觉得可惜，还原成崭新的原貌是不可能的，但是通过技术手段，可以使图片在视觉上感到不残缺。本任务中的折痕和缺口可以使用仿制图章等工具复制相近、相似元素的方法来处理。完成本任务，需要熟练地掌握 Photoshop 仿制图章工具的使用方法和技巧。

【任务实施】

打开素材图像 RW0205 素材 .jpg，如图 2-104 所示，照片有划痕、折痕和撕口等破损。

1. 修复纵向折痕

细小的划痕和折痕贯穿图像，采用复制附近像素的方法进行添补。

①使用 Ctrl++ 组合键 10 次，将图像放大 10 倍。

②在工具箱中选择"单列选框工具"，在紧挨着白色划痕的位置单击，即可以建立一条如图 2-105 所示的 1 像素的纵向矩形选区，然后使用 Ctrl+L 组合键复制选区内容。

③再次使用"单列选框工具"，在白色划痕的位置单击生成白色区域的选区。使用 Ctrl+V 组合键将剪贴板中的内容粘贴到选区，修复白色划痕，效果如图 2-106 所示。

图 2-104　修补前的图像

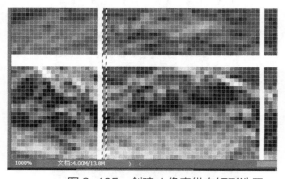

图 2-105　创建 1 像素纵向矩形选区

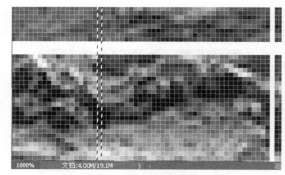

图 2-106　修复后效果

④使用同样的方法，将图片中的几片竖向划痕全部修复。

注意：每次粘贴都会产生一个新的图层，当再去复制原图内容时，一定要重新选择原图所在的图层。

⑤在"图层"面板中选择所有图层进行合并，否则修复横向折痕时纵向划痕处会有缺失。

2. 修复横向折痕

横向的折痕使用"单行选框工具"来修复，方法同上。由于横向折痕损坏较宽，选择原图像元素时要在划痕上面选择 1 行修复，再在划痕下面选择 2 行，以便修复后的图像看起来更真实，完成后的图像效果如图 2-107 所示。修复后同样要合并所有图层。

图 2-107　修补后的图像

3. 撕口修复方法分析

撕口部分缺口区域较大，破损部分需要凭借想象来弥补，动手操作前要对原图内容进行详细分析，大体想象一下损坏前的原貌。本例的修复原理是复制原图中的合理的像素，对损坏部分进行填补与覆盖。

4. 使用仿制图章工具修补撕口

①将图像局部损坏部分放大，在工具箱中选择"仿制图章工具"，在其属性栏中设置笔头大小为 30 像素、硬度为 60%。

②仔细观察和分析修复部分，在原图中找到相似元素，将鼠标指针放在要取样的图像位置上，按住 Alt 键单击进行取样，然后松开 Alt 键。

③将鼠标指针移动到原图损坏的与取样点相似的位置，单击涂抹，即可将以取样点为中心（"十"字图形显示）的图像复制到破损区域，如图 2-108 和图 2-109 所示。

图 2-108　使用"仿制图章工具"修补左下角缺口　图 2-109　使用"仿制图章工具"修补中下部撕口

④不断变换取样点，灵活地对图像进行修复。水面等大面积区域，可以调整画笔大小来进行修补，同时取样时还要考虑光线等问题，取样时选择相同亮度的位置。调整后的效果如图 2-107 所示。

　　注意：笔刷的大小和硬度可以根据复制的内容灵活掌握，硬度调小是为了让复制的内容边缘半透明，这样会更好地与原图融合。

项目小结

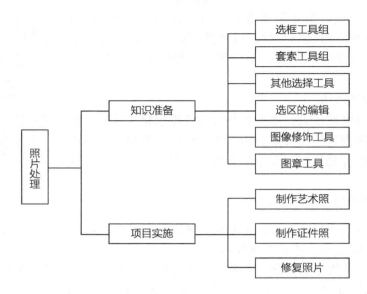

项目 2 中的主要快捷键如表 2-1 所示。

表 2-1　项目 2 中的主要快捷键

序号	操作命令	快捷键	序号	操作命令	快捷键
1	添加到选区	Shift+ 选区工具	6	取消选区	Ctrl+D
2	从选区减去	Alt+ 选区工具	7	羽化	Shift+F6
3	与选区相交	Shift+Alt+ 选区工具	8	填充	Shift+F5
4	前景色填充	Alt+Delete	9	反选选区	Ctrl+Shift+I
5	背景色填充	Ctrl+Delete	10	贴入	Ctrl+Shift+V

能力巩固与提升

一、填空题

1）在 Photoshop 中利用选区工具创建选区时，添加到选区的快捷键是_____，从选区减去的快捷键是_____，与选区相交的快捷键是_____。

2）在 Photoshop 中取消已创建选区的快捷键是_____。

3）单行选框工具和单列选框工具用于创建单位像素为_____的选区。

4）快速选择工具是 Photoshop 的一个功能比较强大的工具，是一个基于_____模式的智能创建选区的工具。可以自动查找_____并以_____为界创建选区。

5）Photoshop 中的魔棒工具是基于_____或_____快速创建选区的选区工具。

6）Photoshop 中的"色彩范围"命令可以快速选择图像或选区中_____或_____的

颜色。

7）按键盘上的上、下、左、右方向箭头，每按一次会在相应的方向移动 1 像素，如同时按住_____可一次移动_____像素。

8）在 Photoshop 中，反选选区的快捷键是_____。

9）红眼工具一般用于快速修复_____拍摄的人像或动物照片中的_____，也可以修复用_____拍摄的动物照片中的_____或_____反光部分。

10）海绵工具一般用于精确地更改区域的_____。

11）使用模糊工具时，在属性栏中选择_____选项，则在应用模糊工具时会针对所有可见图层取样。

12）在修补工具属性栏中，如选择"源"选项，则创建的区域是_____；选择"目标"选项时，则是以_____作为样本来修补其他位置的像素。

二、基本操作练习

1）创建选区：分别创建正方形、矩形、椭圆和正圆形选区。

2）选区描边：为上述操作建立的选区描边。

3）选区填充：为 1）中建立的选区分别填充前景色和背景色。

4）羽化选区：将 1）中创建的选区用不同的像素进行羽化并填充和描边。

5）套索工具组：利用套索工具、多边形套索工具和磁性套索工具选择图像中的指定的区域。

6）快速选择工具和魔棒工具：利用快速选择工具和魔棒工具选择图像中的指定的区域。

7）熟练掌握仿制图章工具和图案图章工具的操作。

8）熟练掌握内容感知移动工具的基本操作。

9）熟练掌握减淡工具、加深工具和海绵工具的基本操作。

三、巩固训练

1. 制作看风景效果

素材 1

结果 1

结果 2

结果 3

结果 4

结果 5

2. 制作相册

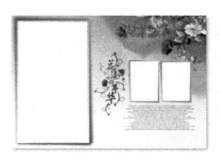

素材 1   素材 2

素材 3   素材 4   结果

3. 制作突出主题效果

素材   结果

4. 制作林中有老虎效果

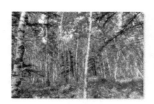

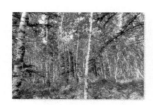

素材 1   素材 2   结果

四、拓展训练

1. 交流与训练

1）分组交流创建选区的方法，讨论不同类型的选区应该使用什么工具。

2）分组交流讨论修饰和修复照片的工具，收集整理一些照片，探讨修饰或修复的方法与技巧。

3）走访几家艺术摄影工作室，了解行业特点，重点了解艺术照的修图方法和使用的工具软件。

2. 项目实训

项目名称：多彩的校园生活。

项目准备：熟练掌握各种创建选区的方法和技巧，自行拍摄和整理一组校园学习和生活的照片。

内容与要求：

1）从多角度展示大学生活。

2）使用多种方法抠图，去除照片中多余的人物或不协调的景观，合成理想的照片。

3）使用修饰工具为照片添加特效，将生活照修饰成艺术照。

项目 3
商品图像绘制

❖ 项目描述

在日常生活和工作中我们经常需要绘制一些图形图像，Photoshop 提供了强大的绘画和填充功能。本项目将主要学习 Photoshop 中各种绘画和填充工具的使用方法和技巧，并利用这些工具和知识来完成绘制图形图像的任务。

❖ 学习目标

1）了解和熟悉 Photoshop 中画笔、铅笔和填充工具的使用方法。

2）掌握画笔、钢笔和填充工具的操作方法和技巧。

3）具有运用所学知识完成项目、工作任务、课后习题与操作训练的能力。

4）培养和树立高尚的职业道德和服务社会的意识。

【知识准备】——绘图工具

3.1 填充工具组

Photoshop 提供了油漆桶工具、渐变工具和 3D 材质拖放工具，如图 3-1 所示，可以对图像或选区填充颜色、渐变和在 3D 对象上应用 3D 材质。

图 3-1 填充工具组

3.1.1 油漆桶工具

油漆桶工具用于在图层或选区中填充颜色或图案。在工具箱中选择"油漆桶工具"，在图层或选区内单击即可将当前的前景色或图案填充到选区或图层。具体操作如下：

1）新建一个空白文档，使用"椭圆形选框工具"创建一个椭圆形选区。

2）在工具箱中选择"油漆桶工具"，其属性栏如图 3-2 所示。

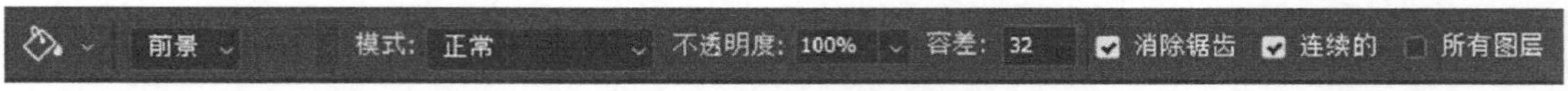

| ⬦ ∨ | 前景 ∨ | 模式：正常 ∨ | 不透明度：100% ∨ | 容差：32 | ☑ 消除锯齿 | ☑ 连续的 | ☐ 所有图层 |

图 3-2 "油漆桶工具"的属性栏

①填充内容：用于选择填充源，包括前景、图案两个选项。当选择"前景"时，会使用
当前的前景色填充；当选择"图案"时，可以将系统提供的图案填充至选区，图 3-3
所示为填充的"黄菊"图案。

②容差：用于设置填充范围，取值范围是 0 ～ 255。容差值较小时，填充时，单击点像素
颜色及与其非常相近的像素会被填充。容差值较大时，则填充范围较大。

③连续的：选中此复选框，只填充与单击点相邻的像素；不选则填充整个图像。

3）按照如图 3-4 所示进行设置，在选区中单击，则使用图案填充选区，完成后的效果如
图 3-3 所示。

　　当使用"油漆桶"工具向已有图像进行填充时，系统会根据设置的容差值识别相
近色彩，然后填充相近色的连续区域。

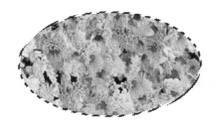

图 3-3   使用图案填充选区

图 3-4   图案选项

3.1.2   自定义图案

在油漆桶工具中可以使用系统提供的各种图案进行填充，同
时用户也可以自定义图案进行填充。自定义图案的操作如下：

1）打开素材文件 D03-03.jpg，在工具箱中选择"多边套索工
具"，选中图像中花的部分，如图 3-5 所示。

图 3-5   创建选区

　　自定义图案与自定义画笔的区别是自定义画笔不能带原图案的颜色，而自定义图
案则带有颜色。如果想删除图案只需在图案选项中右击想要删除的图案，在弹出的快
捷菜单中选择"删除"命令即可。

2）使用 Ctrl+J 组合键，复制选区内容并新建一个图层——"图层 1"。

3）在"图层"面板中选择"图层 1"。

4）在菜单栏中选择"编辑"→"定义图案"命令，弹出"图案名称"对话框，在"名称"

文本框中输入"花"作为图案的名称，如图 3-6 所示。

5）单击"确定"按钮，自定义图案完成。

6）应用自定义图案填充：绘制一个矩形选区，然后选择填充工具后，在属性栏中设置图案并单击选择新的图案，在选区内单击完成图像的填充，如图 3-7 所示。

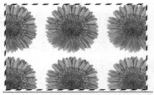

图 3-6 　"图案名称"对话框 　　　　　　　　　　　图 3-7 　填充效果对比

3.1.3　渐变工具

利用渐变工具可以为图层或选区填充渐变颜色效果，但渐变工具不能用于位图或索引颜色图像。在工具箱中选择"渐变工具"，其属性栏如图 3-8 所示。

图 3-8 　"渐变工具"的属性栏

①渐变拾色器：用于选择渐变，默认为前景到背景的渐变，在下拉列表中（见图 3-9）可以选择更多的渐变样式，单击右上角的按钮还可以添加渐变的样式。

②渐变类型：渐变类型共有 5 种，从左到右依次是线性渐变、径向渐变、角度渐变、对称渐变和菱形渐变。单击即可选择相应的类型，图 3-10 所示分别是 5 种渐变的效果。

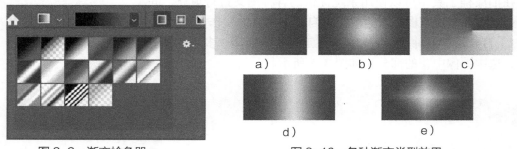

图 3-9 　渐变拾色器 　　　　　　　　　　图 3-10 　各种渐变类型效果
　　　　　　　　　　　　　　　　　　　　a）线性渐变　b）径向渐变　c）角度渐变
　　　　　　　　　　　　　　　　　　　　　　　d）对称渐变　e）菱形渐变

a. 线性渐变▨：选择此选项，则填充从起点到终点的线性渐变。

b. 径向渐变▨：选择此选项，则以起点为圆心，以起点到终点为半径，填充由内而外的圆形渐变。

c. 角度渐变▨：选择此选项，则以单击的起点为圆心，起点到终点为半径，按顺时针方向进行渐变。

d. 对称渐变 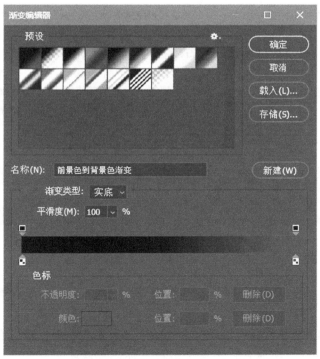：选择此选项，则填充从起点到终点的线性对称渐变。

e. 菱形渐变：选择此选项，以单击起点位置为菱形的中心，起点到终点为对角线，填充由内而外的菱形渐变。

③模式：用于设置填充与原图像像素的混合模式。

④不透明度：用于设置渐变填充的不透明度，取值范围是 1% ~ 100%，数值越小，填充的渐变越透明；100% 为完全不透明。

⑤反向：选中此复选框，渐变的颜色顺序在填充时是相反的。

⑥仿色：选中此复选框，可以使渐变颜色之间过渡更柔和。

⑦透明区域：选中此复选框，可在图像中设置透明区域。当选用的渐变中包括透明部分时（如"从前景色到透明"），渐变时需要选中此复选框，否则不能实现透明的效果。

3.1.4　渐变编辑器

在 Photoshop 中除了可以使用系统自带的渐变样式，还可创建新的渐变或对已有渐变进行编辑，具体操作如下：

1）选择"渐变工具"后在"渐变工具"属性栏中单击渐变拾色器中的渐变颜色条，弹出"渐变编辑器"对话框，如图 3-11 所示。

图 3-11　"渐变编辑器"对话框

2）预设：显示当前渐变样式，单击可以直接选择所需样式。单击"预设"右侧的按钮弹出面板菜单，可以选择更多的渐变库加入"预设"列表框中。添加渐变样式的操作如下。

①单击"预设"右侧的按钮，在弹出的如图3-12所示的面板菜单中选择"协调色1"命令，弹出如图3-13所示的对话框。

②单击"追加"按钮，则新的渐变样式添加到当前预设中；如单击"确定"按钮，则以新的渐变样式库替代当前的样式。

图3-12　添加渐变样式

图3-13　追加渐变样式

3）名称：显示当前选择的渐变样式名称。

4）渐变类型：用于选择渐变类型，在下拉列表中有"实底"和"杂色"两个选项。

5）平滑度：用于设置渐变颜色过渡的平滑效果，取值范围是0～100，数值越大越平滑。

6）颜色色标及不透明度色标：图3-14所示是颜色色标及不透明度色标的位置。

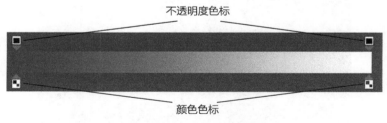

图3-14　颜色色标及不透明度色标

①颜色色标：单击激活色标的选项，可以设置色标的颜色、位置。如果想增加新的色标，只需在相应的位置单击即可。

②不透明度色标：单击激活不透明度色标的选项，设置当前位置的不透明度。

③改变色标位置：拖动颜色色标或不透明色标，可以改变颜色色标或不透明度色标的位置。

④删除色标：选择色标后按Delete键删除色标。使用鼠标向下或向上拖离当前位置也可删除色标。

7）新建渐变样式：通过增加和改变颜色色标和不透明度色标的位置、颜色和不透明度可以创建新的渐变样式。新建渐变样式及保存的操作如下。

①在"渐变编辑器"对话框中，单击"预设"中的"橙，黄，橙渐变"样式，颜色色标及不透明度色标如图 3-15 所示。

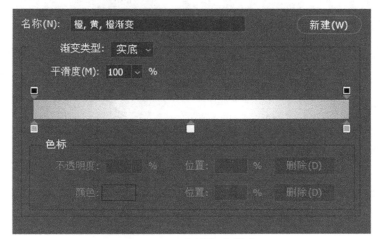

图 3-15　色谱渐变样式

②分别在"橙黄"中间单击，增加两个颜色色标，如图 3-16 所示。

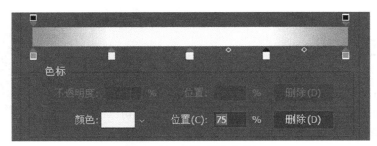

图 3-16　增加颜色色标

③选择左侧新增加的颜色色标，单击下面的"颜色"选项后面的颜色条，弹出选择颜色对话框，设置颜色为蓝色（RGB 为 0、255、0），在"位置"文本框中输入 25%。

④使用上述方法设置右侧新增的颜色色标，颜色为绿色（RGB 为 0、0、255），位置为 75%。设置后的效果如图 3-17 所示。

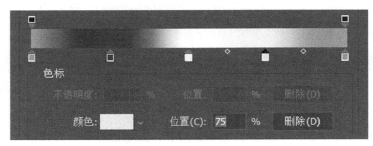

图 3-17　新的颜色色标及位置

⑤在不透明度色标区域，对应黄色色标位置单击增加新的不透明度色标，设置不透明度为 50%，位置为 50%。最后形成的效果如图 3-18 所示。

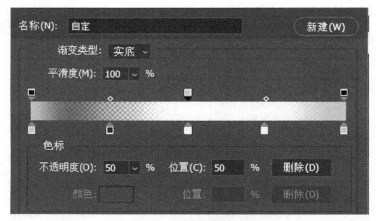

图 3-18　新建的渐变样式

⑥在"渐变编辑器"对话框中，单击"确定"按钮则新创建的渐变加入渐变样式中，并默认为当前样式。如果单击"存储"按钮则弹出"存储"对话框，可以将新创建的渐变存储为文件形式，方便随时调用。

3.2　画笔工具组

在 Photoshop 画笔工具组中提供了画笔工具、铅笔工具、颜色替换工具和混合器画笔工具 4 种，如图 3-19 所示可使用 Shift+B 组合键切换画笔工具组中的工具，下面我们就学习这 4 种工具的基本知识。

图 3-19　画笔工具组

3.2.1　画笔工具

画笔工具是 Photoshop 中常用的绘画工具，主要用于绘制边缘柔和的线条，笔触的形状类似毛笔。通过对画笔笔尖形状、直径、硬度和流量等的设置可以绘制出各种图形。

在 Photoshop 工具箱中选择"画笔工具"，其属性栏如图 3-20 所示。

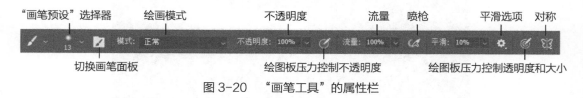

图 3-20　"画笔工具"的属性栏

①"画笔预设"选择器：单击右侧的下拉按钮，在弹出的下拉列表中可以选择画笔形状、设置画笔的直径、硬度和样式。

执行以下操作之一打开画笔预设选择画笔的形状，设置大小和硬度。

a. 在"画笔工具"属性栏中单击"画笔预设"选择器打开画笔预设，如图 3-21 所示。

b. 在菜单栏中选择"窗口"→"画笔预设"命令，打开"画笔"面板，如图 3-22 所示。

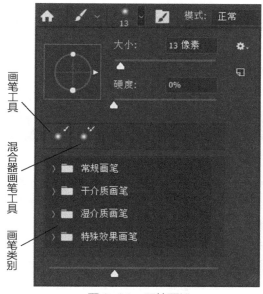

图 3-21　画笔预设

图 3-22　"画笔"面板

②切换画笔面板：单击此按钮可以打开或关闭画笔面板。

③绘画模式：用于设置画笔绘画时与图像的混合模式。

④不透明度：用于设置画笔绘画时的不透明效果，取值范围是 1% ~ 100%，100% 时为完全不透明，1% 时接近透明。

⑤流量：用于设置画笔绘画时应用油彩的速度，取值范围是 1% ~ 100%，数值越大颜色越深，反之就越浅。

⑥喷枪：单击此按钮启用喷枪功能。

⑦平滑选项：设置描边平滑度。

⑧绘图板压力控制透明度和大小：启用后绘图压力可覆盖"画笔"面板中的不透明度和大小设置。

⑨对称：用于设置绘画的对称。

3.2.2　铅笔工具

铅笔工具是 Photoshop 提供的一个模仿铅笔效果绘图的工具，绘制出的图形非常接近铅笔素描的效果。在 Photoshop 工具箱中选择"铅笔工具"，其属性栏如图 3-23 所示。

图 3-23　"铅笔工具"的属性栏

其多数选项与画笔工具相同，只有"自动抹除"是铅笔工具的特殊功能，选中此复选框时，若绘画位置的像素颜色与前景色相同则以背景色绘制，否则还是以前景色进行绘制。

3.2.3　颜色替换工具

通过颜色替换工具可以使用指定的颜色替换图像中的颜色，但不适用于位图、索引和多通道模式的图像。

在 Photoshop 工具箱中选择"颜色替换工具"，其属性栏如图 3-24 所示。

取样选项

图 3-24　"颜色替换工具"的属性栏

①取样选项：从左到右依次是连续、一次和背景色板。连续，可以对颜色进行连续取样，边拖动边取样，也就是绘制范围均可以被替换。一次，只替换单击起点位置的颜色的区域。背景色板，只替换当前与背景颜色相同的区域。

②限制：用于设置替换颜色的范围，包括连续、不连续和查找边缘。连续，替换与起始单击位置所在像素颜色相同或相近的颜色区域；不连续，替换鼠标指针经过任何位置的像素颜色；查找边缘，替换与鼠标指针落点颜色相连的区域，同时还可以保留形状边缘的锐化程度。

③容差：用于设置被替换颜色与单击处颜色的相似度，取值范围为 1% ～ 100%。

④消除锯齿：选中此复选框可以平滑替代区域的边缘。

3.2.4　混合器画笔工具

混合器画笔工具可以模拟真实的绘画技术，绘制出逼真的手绘效果，是较为专业的绘画工具。混合器画笔工具有两个绘画色管（一个储槽和一个拾取器）。储槽存储最终应用于画布的颜色，并且具有较多的油彩容量。拾取器接收来自画布的油彩；其内容与画布颜色是连续混合的。通过设置笔触的颜色、湿度、混合颜色等，可随意地调节颜料颜色、浓度、颜色混合等。

在 Photoshop 工具箱中选择"混合器画笔工具"，其属性栏如图 3-25 所示。

当前画笔载入　　每次描边后载入画笔

每次描边后清理画笔　　混合画笔组合　　　　　　　　　　　　　描边平滑度

图 3-25　"混合器画笔工具"的属性栏

①当前画笔载入：默认显示前景色颜色，包括载入画笔、清理画笔、只载入纯色 3 个选项。

②每次描边后载入画笔和每次描边后清理画笔：用于控制每一笔涂抹结束后对画笔是否更新和清理，类似于我们在使用画笔画过一笔后是否将画笔在水中清洗。

③混合画笔组合：在下拉列表中有系统预先设置好的混合画笔，包括干燥、湿润、潮湿

和非常潮湿等。当我们选择某一种混合画笔时，右侧的 4 个选择设置值会自动调节为预设值。

④潮湿：用于设置从画布拾取的油彩量，取值范围是 0% ~ 100%，数值越大画在画布上的色彩越浓，产生的绘画条痕越长；数值越小色彩越淡，产生的绘画条痕越短。

⑤载入：用于设置画笔上的油彩量，数值越低绘画描边干燥的速度越快。

⑥混合：用于设置颜色混合的比例。当潮湿为 0 时，该选项不能使用。

1）打开素材图像 D03-01.jpg，并选择图像中的紫色区域，如图 3-26 所示。

2）在工具箱中选择"颜色替换工具"，在其属性栏中设置画笔直径为 10、模式为颜色、限制和取样均选为连续、容差为 30。

3）在"颜色"面板中设置颜色为绿色（RGB 为 0，255，0），在选区内单击并拖动鼠标，替换选区内的颜图，效果如图 3-27 所示。

练一练

图 3-26　替换前的图像　　　图 3-27　替换后的图像

提示

在英文输入状态下，按键盘上的 B 键可以快速切换到画笔工具组，按 Shift+B 组合键可以快速地切换"画笔工具""铅笔工具"和"颜色替换工具"。

3.3　画笔设置

3.3.1　画笔笔尖形状

使用画笔时，可以利用"画笔设置"面板中的笔尖形状和形状动态等多项画笔的设置选项，来设置所需的画笔类型。在菜单栏中选择"窗口"→"画笔"命令（快捷键为 F5）或在"画笔工具"属性栏中单击"切换画笔面板"按钮，均可以打开"画笔设置"面板，如图 3-28 所示。

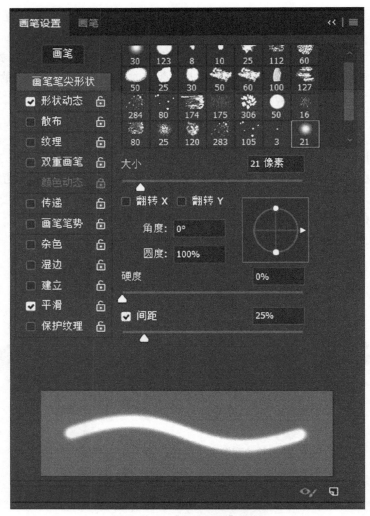

图 3-28　"画笔设置"面板

笔尖形状主要用来设置画笔的直径、形状、硬度、角度、圆度及间距等参数，在"画笔"面板窗口左侧选择"画笔笔尖形状"选项卡，如图 3-28 所示。

1）画笔形状：在右侧列表框中可以选择想用的画笔形状。

2）大小：用于设置选定形状画笔的直径，取值范围是 1 ～ 5000 像素之间的整数数值。

3）翻转：有"翻转 X"和"翻转 Y"两个选项，分别是设置沿 X 轴和 Y 轴方向进行翻转的效果。

4）角度和圆度："角度"用于设置笔尖沿水平方向的角度，取值范围是 –180° ～ 180°之间的整数值。"圆度"用于设置画笔笔尖形状长短轴的比例，取值范围是 0% ～ 100%。当圆度为 100% 时，画笔笔尖为圆形，为 0% 时画笔笔尖为线性，两者之间的为椭圆形。

5）硬度：用于设置画笔边缘的柔和度，取值范围是 0% ～ 100%。数值越小边缘越柔和。如图 3-29 所示是设置直径为 30 像素、间隔为 130%，硬度分别是 100% 和 20% 的画笔效果。

图 3-29　不同的画笔硬度的效果

6）间距：用于设置连续绘画时画笔笔尖之间的距离，取值范围是 1% ～ 1000%。数值越大距离越远，否则距离越近。如图 3-30 所示是"kyle 叶片组"直径相同、间距分别是 120% 和 240% 的效果。

图 3-30　不同间距的效果

3.3.2　形状动态

形状动态用于设置画笔绘画笔迹大小、角度和圆度的动态变化。在"画笔"面板左侧选择"形状动态"选项卡，如图 3-31 所示是不同形状动态的效果。

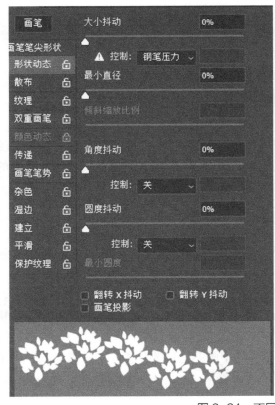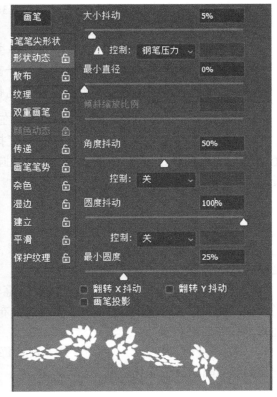

图 3-31　不同形状动态的效果

1）大小抖动：用于设置画笔绘画时笔头大小的动态变化，取值范围是 0% ～ 100%，数值越大，变化越明显。当大小抖动为 0% 时没有大小的变化。

2）控制：在下拉列表中可以选择改变画笔笔迹大小的变化方式。

① "关"：不控制画笔大小的变化。

② "渐隐"：按指定数量的步长在初始直径和最小直径之间渐隐画笔笔迹的大小，每个步长等于画笔笔尖的一个笔迹。其取值范围是 1 ～ 9999，如当输入步长值为 10 时，在绘画同时会产生 10 个增量的渐隐。

③ "钢笔压力" "钢笔斜度" 和 "光轮笔"：基于钢笔压力、钢笔斜度或钢笔拇指轮位置，在初始直径和最小直径之间改变画笔笔迹的大小。

3）最小直径：在启用 "大小抖动" 或 "控制" 时，用于设置画笔动态变化时缩放的最小百分比。其取值范围是 0% ～ 100%，数值越小变化越大。

4）倾斜缩放比例：设置在旋转前应用画笔高度的比例因子，取值范围是 0% ～ 200%。只有当选择 "钢笔斜度" 时，此选项才可以使用。

5）角度抖动：用于设置画笔角度的变化方式，取值范围是 0% ～ 100%，数值越小变化越大。

6）角度抖动控制：设置画笔笔尖角度的变化方式。

① "关"：不控制画笔角度的变化。

② "渐隐"：按指定数量的步长（0° ～ 360°）渐隐画笔笔迹角度。

③ "钢笔压力" "钢笔斜度" "光轮笔" 和 "旋转"：可依据钢笔压力、钢笔斜度或钢笔拇指轮的位置或钢笔的旋转在 0° ～ 360° 之间改变画笔笔迹的角度。

④ "初始方向"：设置画笔笔尖角度基于画笔描边的初始方向。

⑤ "方向"：设置画笔笔尖角度基于画笔描边的方向。

7）圆度抖动：用于设置画笔笔尖的圆度在描边中的变化方式。

8）圆度抖动控制和最小圆度：在 "圆度抖动控制" 下拉列表中可以选择画笔笔迹圆度变化的方式。 "最小圆度" 用于设置应用 "圆度抖动" 和 "圆度抖动控制" 时画笔笔迹的最小圆度。

3.3.3 散布

散布用于设置画笔绘画时产生的散射效果，一般可和动态画笔配合使用。如图 3-32 所示是设置散布参数前后的效果。

1）散布及两轴： "散布" 用于设置画笔笔迹的分布方式，取值范围是 0% ～ 100%。当选中 "两轴" 复选框时，则会以放射状分布；若不选中 "两轴" 复选框，则会沿画笔轨迹的垂直方向进行分布。

2）数量及数量抖动： "数量" 用于设置每个间隔中画笔笔迹的数量。 "数量抖动" 用于设置每个间隔的数量变化。

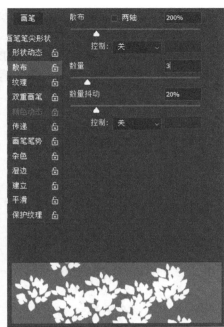

图 3-32　设置散布参数前后的效果

3.3.4　纹理

纹理用于在画笔中加入纹理效果，除了可以使用 Photoshop 自带的纹理，还可以将图案定义为纹理。图 3-33 所示是画笔"纹理"选项卡。

1）纹理下拉列表：单击右侧的按钮，在弹出的下拉列表中可以选择相应的图案纹理。

2）反相：选中此复选框，则所选图案纹理色调中的亮点和暗点将反转。

3）缩放：用于设置图案的缩放比例。

4）为每个笔尖设置纹理：选中此复选框，则选定的纹理将单独应用于画笔绘制过程中的每一个笔迹。

5）模式：在其下拉列表中可以设置画笔与图案纹理的混合模式。

6）深度：用于指定油彩渗入纹理中的深度。此选项在选中了"为每个笔尖设置纹理"复选框后才可以使用。

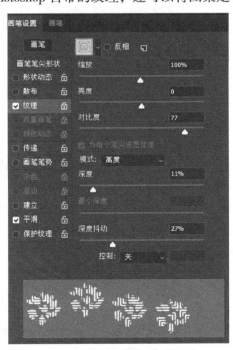

图 3-33　画笔"纹理"选项卡

3.3.5　双重画笔

双重画笔是将两种画笔笔尖组合使用，使用时先在"画笔笔尖形状"选项卡中选择主画笔，然后在"双重画笔"选项卡中选择第二种画笔。在绘制时是在主画笔的基础上叠加第二个画笔形成新的画笔效果，如图 3-34 所示。

图 3-34 中，左侧是没有设置双重画笔的效果；右侧是设置了双重画笔的效果，设置主画笔为"尖角画笔"、硬度 20%（间距 200%），双重画笔的设置如图 3-35 所示。

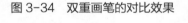
图 3-34　双重画笔的对比效果

图 3-35　双重画笔的设置

图 3-36　"颜色动态"选项卡

3.3.6　颜色动态

颜色动态用于设置画笔颜色的动态效果，包括前景 / 背景抖动、色相抖动、饱和度抖动、亮度抖动和纯度等，"颜色动态"选项卡如图 3-36 所示。

3.3.7　"画笔"面板中的其他选项

在"画笔"面板中，除了上述选项还有传递、画笔笔势、杂色、湿边、建立、平滑和保护纹理 7 个选项卡，这 7 个选项卡在需要时进行选择即可，不需要设置参数。

1）传递：调整油彩或效果的动态。

2）画笔笔势：调整画笔的笔势。

3）杂色：选择此选项会增加画笔笔尖的额外随机性，一般与柔角画笔一起使用效果较好。

4）湿边：选择此选项可以沿画笔绘制的边缘增大油彩量，可以创建水彩效果。

5）建立：用于对图像应用渐变色调，同时模拟传统的喷枪手法。

6）平滑：用于设置在画笔绘制过程中生成更平滑的曲线。

7）保护纹理：选择此选项，可将相同图案和缩放比例应用于具有纹理的所有画笔预设。

3.3.8 自定义画笔

尽管 Photoshop 提供了多种画笔，但有时还是不能满足用户的要求，因此用户可以根据自己的需要使用已有的图像、画笔等要素创建自定义画笔。自定义画笔的操作如下：

1）打开素材文件 D03-02.psd，如图 3-37 所示。

图 3-37　素材文件 D03-02.psd

2）在工具箱中选择"移动工具"，按 Ctrl 键的同时在"图层"面板中单击"图层 1"，载入图层 1 的选区。

3）在菜单栏中选择"编辑"→"定义画笔预设"命令，弹出"画笔名称"对话框，如图 3-38 所示。

图 3-38　"画笔名称"对话框

4）在"名称"文本框中输入自定义画笔的名称，如"梅花"，单击"确定"按钮，则创建了新的自定义画笔。自定义的画笔可在画笔预设中选择使用，使用方法与其他画笔的使用方法相同。

在英文状态下，按键盘上的 [键可以使画笔直径变小，按] 键可以使画笔直径变大，也适用于铅笔和混合器画笔工具。

自定义画笔只能定义笔头的样式，不能保存图像中的颜色信息，如果定义画笔时使用彩色，系统会根据色阶对应到相应的透明度。所以，在定义画笔预设时通常选用黑色。应用自定义画笔时只能使用当前的前景色来绘制。

3.4 记录工具

在 Photoshop 中提供了记录工具用于记录操作步骤，通过这些工具可以恢复之前的操作步骤，最终恢复到文档本次打开的状态。这些工具有历史记录画笔工具、历史记录艺术画笔工具和"历史记录"面板。

3.4.1 历史记录画笔工具

历史记录画笔工具 ✎ 主要用于恢复图像的操作，可以恢复到图像打开时的状态，历史记录画笔工具就好像是橡皮擦工具一样，只不过它擦掉的是打开图像后的编辑操作。具体操作如下：

①在工具箱中选择"历史记录画笔工具"（快捷键为 Shift+Y），其属性栏与画笔工具一样，使用方法也一样，这里不再赘述。

②调整画笔直径及形状后在图像上单击并拖动鼠标，则可恢复打开图像后的操作。

3.4.2 "历史记录"面板

在 Photoshop 的"历史记录"面板中记录了打开文件后的所有操作步骤（内存允许的情况下），通过"历史记录"面板可以直接恢复到某一操作步骤。在菜单栏中选择"窗口"→"历史记录"命令，打开"历史记录"面板，在面板中显示了本次打开图像以来的所有操作，如图 3-39 所示。

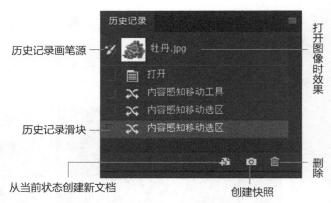

图 3-39 "历史记录"面板

①打开图像时的效果：缩略显示了图像打开时的效果。

②历史记录画笔源：在相应的操作位置单击，历史记录画笔源图标将出现在该操作前，表示该步骤为所有以下步骤的新的历史记录源，如果结合历史记录画笔工具，则可以将图像的操作恢复到当前历史记录源的位置。

③历史记录滑块：表示当前所在的操作步骤，单击或拖动可以直接恢复到某一操作步骤位置。

④从当前状态创建新文档：单击可以创建当前状态图像的新文档。

⑤创建快照：单击可以为当前图像效果创建一个快照并存在面板中。

⑥删除：删除选定的操作步骤。

3.4.3 历史记录艺术画笔工具

历史记录艺术画笔工具的使用方法与历史记录画笔工具一样，只不过它不是恢复图像的某一操作步骤，而是根据历史记录状态为用户添加不同颜色和艺术风格。

3.5 图像擦除工具

在 Photoshop 工具箱的图像擦除工具组中有橡皮擦工具、背景橡皮擦工具和魔术橡皮擦工具 3 种，如图 3-40 所示。英文输入状态按 E 键切换到擦除工具组，使用 Shift+E 组合键可以切换图像擦除工具组中的不同工具。

图 3-40　图像擦除工具组

3.5.1　橡皮擦工具

橡皮擦工具主要用于擦除当前图层中的像素或图案，擦除背景层时将以背景色填充被擦除区域。具体操作如下：

1）在工具箱中选择"橡皮擦工具"，其属性栏如图 3-41 所示。

图 3-41　"橡皮擦工具"的属性栏

①模式：用于选择擦除的模式，有画笔、铅笔和块 3 个选项。"画笔"和"铅笔"模式可将橡皮擦设置为像画笔和铅笔工具一样工作。"块"是指具有硬边缘和固定大小的方形，并且不使用"不透明度""流量""抹到历史记录"选项。如图 3-42 所示，从左到右依次是"画笔""铅笔""块"的擦除效果。

②不透明度：在画笔和铅笔模式下可用，用于设置橡皮擦的不透明度，取值范围是 0% ~ 100%，当值为 100% 时将完全擦除，低于 100% 时则部分擦除。

图 3-42　橡皮擦 3 种模式的擦除效果

③流量：在画笔模式下可用，用于设置擦除时橡皮擦的擦除频率，取值范围是 0% ~ 100%，数值越大频率越高擦除效果越好。

④平滑：设置描边平滑度，取值范围为 0% ~ 100%，数值越高描边抖动越少。

⑤抹到历史记录：在画笔和铅笔模式下可用。在"历史记录"面板中选择"历史记录画笔源"，可将擦除部位恢复到"历史记录画笔源"的状态。

2）设置选项后，单击并在图像拖动鼠标，即可擦除相应的部分。

3.5.2　背景橡皮擦工具

背景橡皮擦工具用于擦除图像中指定的像素，擦除过的地方将变为透明，背景层的内容也可以擦除。具体操作如下：

1）在工具箱中选择"背景橡皮擦工具"，其属性栏如图 3-43 所示。

图 3-43　"背景橡皮擦工具"的属性栏

①取样 ![取样按钮]：用于设置擦除图像颜色的方式，从左到右依次是"连续""一次"和"背景色板"。

"连续"，随着拖动连续采取色样，将鼠标指针经过的像素作为取样像素并对其擦除；"一次"，只抹除包含第一次单击的颜色的区域，一般是在需要擦除的颜色上单击并拖动鼠标，这样与单击位置颜色一样或相近的颜色会被擦除，注意在擦除结束时不要释放鼠标左键，否则会重新取样；"背景色板"，只抹除包含当前背景色的区域。

②限制：选择擦除时的限制条件，包括"不连续""连续"和"查找边缘"3个选项。"不连续"，对鼠标指针经过的所有颜色取样并擦除；"连续"，擦除与擦除区域相连接的颜色；"查找边缘"，擦除的同时能更好地保留形状边缘的锐化程度。

③保护前景色：选中此复选框，图像中与前景色相同的颜色不会被擦除。

2）设置选项后，单击并在图像上拖动鼠标，擦除相应的部分，图3-44所示是使用"背景橡皮擦工具"擦除图像的效果。

图3-44　使用"背景橡皮擦工具"擦除图像的效果

3.5.3　魔术橡皮擦工具

魔术橡皮擦工具 ✐ 可以擦除某一指定的颜色，并使图层透明。在图层中单击时，可以将所有相似的像素变更为透明。如果在背景中单击，则将背景转换为图层并将所有相似的像素更改为透明。

【项目实施】——商品图像绘制

小李是西点师傅，为客户订制各种样式的糕点，近期计划推出新产品，先来让我们使用 Photoshop 神奇的画笔工具来绘制一下效果图吧！

工作任务 3.1　绘制巧克力小圆饼

【工作任务】

本任务要求绘制如图3-45所示的巧克力小圆饼。

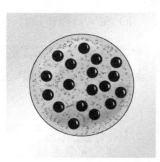

图3-45　巧克力小圆饼

【任务解析】

小圆饼的主要形状是圆，完成本任务，需要熟练掌握 Photoshop 画笔工具的使用，同时要具有创新创意的职业素养。

【任务实施】

1. 绘制背景

1）新建一个名称为 RW0301.psd 的文件，大小为 600×600 像素、分辨率为 300 像素 / 英寸、背景为白色、颜色模式为 RGB 颜色模式。

2）绘制背景的操作如下。

①在工具箱中选择"渐变工具"，在属性栏中单击━━━图标，弹出如图 3-46 所示的"渐变编辑器"对话框。

②选择前面的色标，单击"颜色"按钮，弹出"拾色器（色标颜色）"对话框，设置颜色为浅黄色（RGB 为 248、186、140），如图 3-47 所示，单击"确定"按钮。选择后面的色标，设置颜色为淡黄色（RGB 为 244、237、232）。然后单击"确定"按钮退出"渐变编辑器"对话框。

图 3-46　"渐变编辑器"对话框

图 3-47　"拾色器（色标颜色）"对话框

③在属性栏中单击"对称渐变"按钮，选中"反向"复选框，如图 3-48 所示。

图 3-48　"渐变工具"属性栏的设置

④在画布的中心，单击并向右下角拖动鼠标，至画面边缘处释放鼠标左键，即可在背景图层绘制如图 3-49 所示的渐变背景。

2. 绘制饼皮

1）设置标尺和辅助线。

在菜单栏中选择"视图"→"标尺"命令，显示标尺。在标尺上右击，在弹出的快捷菜单中选择"百分比"命令，设置

图 3-49　渐变背景

标尺的单位为百分比。

在上方标尺上单击并向画布中间拖动鼠标，对齐左侧标尺的"50"刻度处释放鼠标左键，拖出一条位于画布中间的蓝色水平线辅助线。使用相同的方法，在左侧标尺中拖出一条垂直辅助线。两条辅助线相交确定画布的中心点，如图 3-50 所示。

图 3-50　标尺和水平线

2）绘制饼皮的方法。

①在工具箱中选择"椭圆选框工具"，在属性栏中设置羽化为 0 像素，按下 Shift+Alt 组合键的同时单击从中心点处拖动绘制一个中心点正圆选区。

②新建一个图层并命名为"饼皮"，选择工具箱中的"油漆桶工具"，设置前景色为黄色（RGB 为 233、176、95），在选区中单击填充前景色。

③在工具箱中选择"加深工具"，在属性栏中设置大小为 50 像素、硬度为 0%、曝光度为 50%，其他默认，具体如图 3-51 所示。在当前图层选区内边缘右下方均匀涂抹。

图 3-51　"加深工具"的属性栏

④在工具箱中选择"减淡工具"，在选区内左上方划圆弧均匀涂抹。

注意：加深工具和减淡工具在绘图时常用于强调高光和阴影，硬度值设置为最小，目的是使笔头边缘透明度最大，涂抹出来的效果与原图色彩过渡均匀自然。

⑤在菜单栏中选择"编辑"→"描边"命令，在弹出的"描边"对话框中设置宽度为 2 像素、颜色为褐色（RGB 为 80、10、10）、位置为居中，如图 3-52 所示，单击"确定"按钮，效果如图 3-53 所示。

图 3-52　"描边"对话框

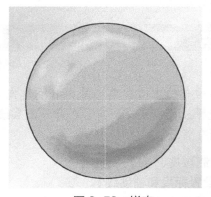

图 3-53　饼皮

3. 绘制巧克力

1）绘制巧克力豆。

新建一个图层并命名为"巧克力豆"，设置前景色为褐色（RGB 为 80、10、10）。在工具箱中选择"画笔工具"，在其属性栏中设置笔头大小为 50 像素、硬度为 100%。在当前图层适当位置单击，绘制如图 3-54 所示的巧克力豆。

2）绘制巧克力豆高光点。

①新建一个图层并命名为"高光"，设置前景色为黑色。在工具箱中选择"画笔工具"，在其属性栏中设置笔头大小为 30 像素、硬度为 100%。在当前图层单击，绘制一个黑点。在工具箱中选择"橡皮擦工具"，在其属性栏中设置笔头大小为 45 像素、硬度为 100%。在刚绘制黑点的左下方单击，擦成一个小月牙。

②按住 Ctrl 键并在"图层"面板中单击"高光"图层的缩略图，选择黑色小月牙。在菜单栏中选择"编辑"→"定义画笔预设"命令，在弹出的"画笔名称"对话框中命名为高光，单击"确定"按钮退出对话框。按 Delete 键删除选择的内容，按 Ctrl+D 组合键取消选区，"高光"图层是空的。

③设置前景色为白色，选择工具箱中的"画笔工具"，在其属性栏中设置笔头为高光、笔头大小为 20 像素、硬度为 100%。如图 3-55 所示，在每一个巧克力豆的右上角单击绘制高光点。

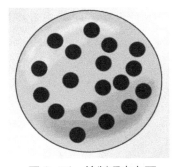 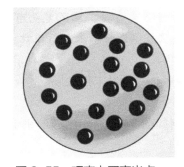

图 3-54　绘制巧克力豆　　　图 3-55　巧克力豆高光点

3）绘制巧克力粉。

①新建一个图层并命名为"巧克力粉"，设置前景色为褐色（RGB 为 80、10、10）。

②在工具箱中选择"画笔工具"，按 F5 键打开"画笔设置"面板，在"画笔笔尖形状"选项卡中设置笔头为 16、笔头大小为 60 像素、硬度为 100%、间距为 200%。选中"形状动态"复选框并设置大小抖动为 90%、最小直径为 97%、角度抖动为 86%、最小圆度为 77%，具体设置如图 3-56 所示。选中"散布"复选框并设置散布为 1000%、数量为 12、数量抖动为 89%，具体设置如图 3-57 所示。

③关闭画笔预设，在当前图层在适当位置单击，绘制巧克力粉效果，完成后如图 3-58 所示。

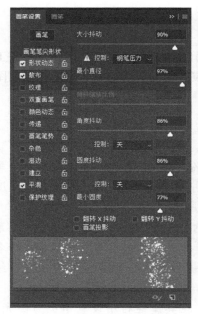

图 3-56　形状动态设置

图 3-57　散布设置

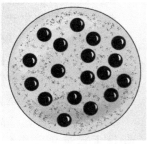

图 3-58　绘制巧克力粉

> **提示**
>
> 　　注意：绘制巧克力粉，画笔笔头可以选择多种方案，即笔头不规则，画笔形状动态和散布的参数可以根据效果自行设计。

工作任务 3.2　绘制饼干

【工作任务】

本任务是绘制如图 3-59 所示的方形饼干。

【任务解析】

本任务的重点是绘制饼干四周的圆形锯齿，完成此任务需要熟练掌握 Photoshop 画笔工具的使用，具有灵活应用工具的能力。

【任务实施】

1）新建一个名称为 RW0302.psd 的文档，大小为 600×600 像素、分辨率为 300 像素/英寸、背景为白色、颜色模式为 RGB 颜色模式。

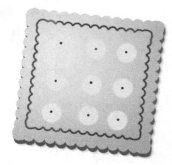

图 3-59　方形饼干

2）绘制轮廓。

①使用工作任务 3.1 介绍的方法利用标尺和辅助线确定画布的中心点。

②在工具箱中选择"矩形选框工具"，按 Shift+Alt 组合键的同时单击，在画布中心点处拖动鼠标绘制相对画布绝对居中的正方形选择区。

③新建一个图层并命名为"饼干外形"，选择工具箱中的"油漆桶工具"，

　　设置前景色为咖啡色（RGB 为 154、72、34），在选区中填色。

④在工具箱中选择"画笔工具"，设置笔头为正圆、大小为 40 像素、硬度为 100%、间距为 90%。按住 Shift 键，在正方形边缘绘制锯齿，如图 3-60 所示。再设置笔头大小为 60 像素，在 4 个边角单击，完成圆角的绘制，效果如图 3-61 所示。

图 3-60　锯齿边缘

图 3-61　饼干轮廓

3）绘制饼干正面。

①按住 Ctrl 键在"图层"面板中单击当前图层缩略图创建选区。新建一个图层并命名为"饼干正面"。在工具箱中选择"渐变工具"，在选区内绘制出黄色（RGB 为 242、180、99；RGB 为 228、135、34）线性渐变。

②在工具箱中选择"移动工具"，将当前图层中的图形向左上方移动几像素，创建立体效果，如图 3-62 所示。

4）绘制内部花边。

①在菜单栏中选择"选择"→"变化选区"命令，在属性栏中设置"W"与"H"均是 80%，即等比例缩放 80%，创建略小于饼干的选区。

②新建一个图层并命名为"花边"，在菜单栏中选择"编辑"→"描边"命令，弹出"描边"对话框，设置宽度为 4 像素、颜色为咖啡色（RGB 为 114、44、12）、位置为居中，单击"确定"按钮退出对话框并应用描边。

③在工具箱中选择"模糊工具"，在花边上涂抹，增加花边真实度，效果如图 3-63 所示。

5）绘制饼干内部图案。

①新建一个图层并命名为"大点"，在工具箱中选择"画笔工具"，设置笔头大小为 70 像素、硬度为 80%、前景色为淡黄色（RGB 为 247、199、125），在当前图层适当位置单击，绘制如图 3-64 所示的 9 个圆点。

②设置前景色为深咖啡色（RGB 为 114、44、12）。新建一个图层并命名为"小点"。设置画笔笔头大小为 9 像素、硬度为 100%。在当前图层中相对于"大点"的适当位置单击，绘制 9 个小圆点，完成饼干内部图案的绘制（图 3-59）。

6）合并图层。

①在"图层"面板中选择所有图层（不包括背景图层），右击，在弹出的快捷菜单中选择"合并图层"命令。

②在工具箱中选择"移动工具"，按 Ctrl+T 组合键，在属性栏中设置旋转为 15°。保存文件完成饼干的绘制。

图 3-62　饼干正面

图 3-63　饼干内部花边

图 3-64　饼干内部图案

工作任务 3.3　绘制蛋糕

【工作任务】

本任务是绘制如图 3-65 所示的蛋糕。

【任务解析】

蛋糕的主要形状是椭圆，而且图形为轴对称。完成本任务，需要熟练掌握 Photoshop 的绘图技巧，灵活选用绘图工具，具有基本绘图的素养。

【任务实施】

1）新建一个名称为 RW0303.psd 的文档，大小为 600×600 像素、分辨率为 300 像素 / 英寸、背景为白色、颜色模式为 RGB 颜色模式。

图 3-65　蛋糕

2）绘制蛋糕底座。

①利用标尺和移动工具拖出一条水平居中的垂直辅助线。在工具箱中选择"椭圆选框工具"，按住 Alt 键，在辅助线位置单击并拖动鼠标，在画布底部绘制一个椭圆选区。

②新建一个图层"图层 1"，选择工具箱中的"油漆桶工具"，设置前景色为咖啡色（RGB 为 134、118、85），使用前景色填充当前图层选区。

③新建一个图层"图层 2"，设置前景色为米色（RGB 为 232、202、148），使用前景色填充当前图层选区，按 Ctrl+D 组合键取消选择。在工具箱中选择"移动工具"，按键盘上向上的方向键，将图形向上移动几个像素形成底座，如图 3-66 所示。

图 3-66　蛋糕底座

3）绘制蛋糕坯。

①新建一个图层"图层 3"，在工具箱中选择"椭圆选框工具"，按住 Alt 键，在蛋糕底座上绘制一个稍小一点的椭圆选区。使用"油漆桶工具"向当前图层选区内填淡黄色（RGB 为 251、231、144），效果如图 3-67 所示。

②新建一个图层"图层4"，向上移动选区，设置前景色为黄色（RGB 为 253、199、63），并填充当前层选区，完成后的效果如图 3-68 所示。

③重复上述操作，分别再建 3 个新的图层并依次填白色、黄色、淡黄色，完成后的效果如图 3-69 所示。

④合并图层：在图层面板同时选择蛋糕坯的五个图层，单击鼠标右键，在弹出的快捷菜单中选择"合并图层"，合并蛋糕坯图层。

图 3-67 蛋糕坯一层

图 3-68 蛋糕坯二层

图 3-69 蛋糕坯

 提示

蛋糕坯左右两侧不整齐时，可以使用"矩形选框工具"进行删除或修补，以使蛋糕坯看起来更真实。

4）绘制巧克力。

①新建一个图层"图层8"，使用"椭圆选框工具"，同时按住 Alt 键，在蛋糕坯上绘制椭圆选区。使用"油漆桶工具"，向当前图层选区内填巧克力色（RGB 为 69、14、5）。在工具箱中选择"加深工具"，在选区内边缘处涂抹，完成后的效果如图 3-70 所示。

②新建一个图层"图层9"，在工具箱中选择"椭圆选框工具"，在属性栏中单击"添加到选区"按钮，在选区原有基础上多次添加椭圆选区，完成后的效果如图 3-71 所示。使用"油漆桶工具"，向当前图层选区内填巧克力色（RGB 为 69、14、5）。

③在"图层"面板中拖动当前图层下移，将"图层9"移动到"图层8"下面。使用"加深工具"，涂抹选区下部。使用"减淡工具"，涂抹选区中部，完成后的效果如图 3-72 所示。

图 3-70 巧克力上部

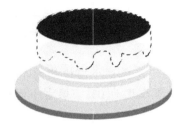
图 3-71 添加巧克力选区

图 3-72 巧克力边缘效果

5）绘制巧克力光泽。

①新建一个图层"图层10"，在菜单栏中选择"选择"→"修改"→"收缩"命令，在

弹出的"收缩选区"对话框中设置收缩量为 6 像素，单击"确定"按钮退出对话框，结果如图 3-73 所示。

②在菜单栏中选择"编辑"→"描边"命令，在弹出的"描边"对话框中设置宽度为 3 像素、颜色为白色、位置为居中，然后单击"确定"按钮，对选区进行描边。

③按 Ctrl+D 组合键取消选区，在工具箱中选择"橡皮擦工具"，擦去多余部分。在工具箱中选择"模糊工具"涂抹对其进行虚化，完成后的效果如图 3-74 所示。

6）制作第二层蛋糕。

①合并蛋糕坯、巧克力和光泽图层，复制合并后的图层。
②使用 Ctrl+T 组合键，在属性栏中设置水平和垂直缩放比例均是 70%。
③调整位置，完成第二层蛋糕的制作，效果如图 3-75 所示。

图 3-73　收缩选区　　　　图 3-74　制作巧克力光泽　　　　图 3-75　第二层蛋糕

7）绘制小樱桃。

①新建一个图层"图层 11"。设置前景色为红色（RGB 为 176、25、9）。在工具箱中选择"画笔工具"，在属性栏中设置笔头大小为 40 像素、硬度为 100%。在当前图层适当位置单击，绘制 1 个圆点。

②更改前景色为粉红色（RGB 为 255、66、49）。设置画笔笔头大小为 26 像素。在刚绘制的圆点上单击，绘制 1 个稍小的圆点。

③重复上述操作，更改前景色为白色。设置画笔笔头大小为 6 像素。在刚绘制的圆点上单击，绘制 1 个小圆点。

④更改前景色为绿色（RGB 为 27、116、62）。在工具箱中选择"铅笔工具"，在属性栏中设置笔头大小为 2 像素、平滑为 100%，单击，在小樱桃上绘制一段平滑曲线。完成后的效果如图 3-76 所示。

⑤在工具箱中选择"移动工具"，调整小樱桃的大小，拖放到适当位置。选择工具箱中选择"橡皮擦工具"，设置硬度为 0%。擦去小樱桃的底部，拖放到蛋糕上面适当位置。

⑥在工具箱中选择"移动工具"，按住 Alt 键，拖放复制小樱桃，放到蛋糕上面适当位置。重复上述操作，完成后的效果如图 3-77 所示。保存文件，完成蛋糕的制作。

图 3-76　绘制小樱桃　　　　　　　　　　图 3-77　复制小樱桃

项目小结

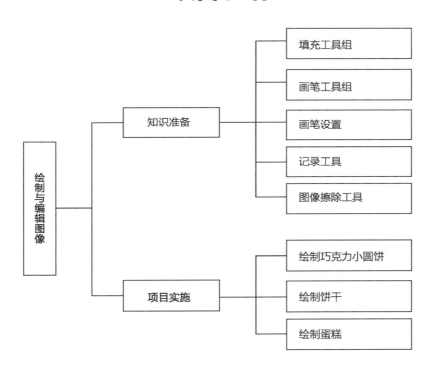

项目 3 中的主要快捷键如表 3-1 所示。

表 3-1　项目 3 中的主要快捷键

序号	操作命令	快捷键	序号	操作命令	快捷键
1	画笔工具组	Shift+B	6	画笔面板	F5
2	画笔直径变大	]	7	复制并新建图层	Ctrl+J
3	画笔直径变小	[	8	填充工具组	Shift+G
4	擦除工具切换	Shift+E	9	记录画笔工具组切换	Shift+Y
5	减淡工具切换	Shift+O	10	自由变换	Ctrl+T

能力巩固与提升

一、填空题

1）在 Photoshop 画笔工具组中提供了_____、_____、_____和_____4 种工具。

2）在 Photoshop 中，英文输入状态下按键盘上的_____可以快速切换到画笔工具组，按下_____键的同时按_____键可以快速地实现画笔工具、铅笔工具和颜色替换工具的切换。

3）打开"画笔"面板的快捷键是_____。

4）硬度用于设置画笔边缘的柔和度，取值范围是_____。数值越小边缘越_____。

5）油漆桶工具用于在_____或_____中填充颜色或图案。

6）在英文状态下，按下键盘上的_____键可以使画笔直径变大，按下_____键可以快速将画笔直径变小。

7）"渐变工具"属性栏中的渐变类型共有 5 种，分别是_____、_____、_____、_____和_____。

8）历史记录画笔工具主要用于恢复图像的操作，可以恢复到_____的状态。

9）橡皮擦工具主要用于擦除图像中的像素或图案，擦除后将以_____填充被擦除区域。

10）背景橡皮擦工具用于擦除图像中指定的像素，擦除过的地方将变为_____，背景层内容也可以擦除。

二、基本操作练习

1）熟练掌握画笔工具及画笔面板的基本操作，能够运用画笔绘制简单的图形。

2）熟练掌握油漆桶和渐变填充工具的使用方法，能够熟练掌握新建渐变样式的方法和技巧。

3）熟练掌握颜色替换的操作，能够使用颜色替换工具改变图像中的某种颜色。

4）自选一种图案分别添加为自定义画笔和自定义图案，并在设计中应用自定义的画笔和图案。

三、巩固训练

1. 制作太极图

结果

2. 制作光盘

素材

结果 1

结果 2

3. 制作彩虹

素材

结果

4. 制作邮票

素材

结果

四、拓展训练

1. 交流与训练

1）分组交流讨论各种画笔工具组、填充工具组和修饰工具的使用经验，并总结各种工具的使用技巧。

2）使用画笔工具为照片添加花边或边框修饰效果。

3）使用渐变工具结合选区工具，制作圆柱体和圆锥体图形。

2. 项目实训

项目名称：绘制卡通小动物。

项目准备：上网搜集卡通动物图像，观察绘制手法和特点，为自己的设计寻找灵感。

内容与要求：

1）以十二生肖为主题，选择其一设计小动物卡通形象

2）观察动物特征，使用画笔工具以形象夸张的手法绘制卡通小动物。

3）卡通形象要美观可爱，具有童真童趣。

项目 4
卡片设计与制作

❖ 项目描述

图形图像从视觉上来说具有感染力，但很多广告及平面作品要表达具体的内容，所以文字是不可或缺的元素。本项目将对 Photoshop 所提供的各种文字创建和编辑技巧及操作进行详细的介绍。

❖ 学习目标

1）了解和熟悉 Photoshop 文本的创建和编辑方法。

2）掌握创建路径文字的方法和技巧。

3）具有运用所学知识完成项目、工作任务、课后习题与操作训练的能力。

4）培养和树立高尚的职业道德和服务社会的意识。

【知识准备】——文本相关操作

4.1 文本工具介绍

4.1.1 文本工具

Photoshop 中的文本工具组包括横排文字工具、直排文字工具、横排文字蒙版工具和直排文字蒙版工具。在 Photoshop 的工具箱中，长按 T 工具（快捷键为 T，反复按 Shift+T 组合键可以切换文本工具），可以调出文本工具组，如图 4-1 所示。

图 4-1　文本工具组

4.1.2 横排文字工具

横排文字工具是使用较广泛的一种文本工具，用于在水平方向创建文本。具体操作如下：在工具箱中选择"横排文字工具"，其属性栏如图 4-2 所示。

①切换文字方向：用于文字在水平和垂直方向的转换。

②字体：用于设置文字的字体。

③字体样式：根据已选择的字体，会有对应的样式选项。用户可以根据设计需要进行选择。例如，选择英文字体 **Arial** 时，在字体样式选项中会有 5 种样式，如图 4-3 所示，选择不同的样式会产生不同的文字效果。

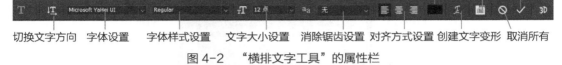

图 4-2　"横排文字工具"的属性栏

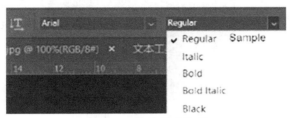

图 4-3　字体样式选项

④文字大小：用于设置文本的大小，常用的大小在下拉列表中即可以选择，也可以直接在文本框中输入数值来设置文本的大小。

⑤消除锯齿：有 5 个选项，分别是无、锐利、犀利、浓厚和平滑，这些选项可以通过部分填充边缘像素来产生不同边缘的文字效果。

⑥对齐方式：用于设置文本的对齐方式，有左对齐、居中对齐和右对齐 3 个选项。

⑦文本颜色：用于设置文本的颜色，单击颜色框，可以在打开的"颜色"面板中选择颜色。

⑧文字变形：用于设置文本变形的样式，输入文字后单击该按钮，弹出"变形文字"对话框。
图 4-5 所示"跳动的音符"文字效果是按图 4-4 所示"变形文字"对话框设置的文字变形效果。

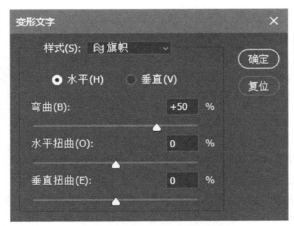

图 4-4　"变形文字"对话框

图 4-5　文字变形效果

⑨取消所有和提交：用于恢复此次修改的选项设置和提交文字图层。

选择"窗口"→"段落"命令，可以打开"字符"和"段落"面板，如图4-6所示。

1）"字符"面板。

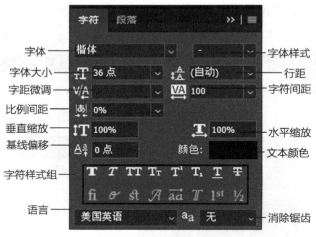

图4-6 "字符"面板

①行距：用于设置文本的行间距，可以使用下拉列表中的数值也可以直接在文本框中输入数值，数值越大行间距就越大。

　　行距的留白是阅读和美观的需要，行距的设置尽量不要小于字符大小，否则容易造成两行字出现重叠的情况。

②垂直缩放和水平缩放：用于设置字符在垂直和水平方向的缩放比例。

③比例间距：输入数值可以实现按比例间距指定的百分比值减少字符周围的空间。

④字符间距：用于设置选中的字符间距，数值越大字符之间的距离就越大。

⑤字距微调：仅当在字符光标处插入文字时，输入的数值为光标距前一个字符的间距。

⑥基线偏移：用于在选中字符的状态下，设置基线值，正数向上偏移、负数向下偏移。如图4-7所示，"动"和"音"的基线值为10、"符"的基线值为-10。

⑦字符样式组：用于设置选中的字符的样式。第一行从左到右分别是粗体、斜体、全部大写、小型大写、上标、下标、下划线和删除线，其中全部大写和小型大写只对字母有效。第二行是可以用于OpenType

图4-7 字符基线设置效果

字体的字符样式，从左到右分别是标准连字、上下文替代、自由连字、花饰字、替代样式、标题替代样式、序数字、分数字。图4-8所示是字体为Adobe Arabic（标准连字）和Adobe Caslon Pro的部分样式应用效果。

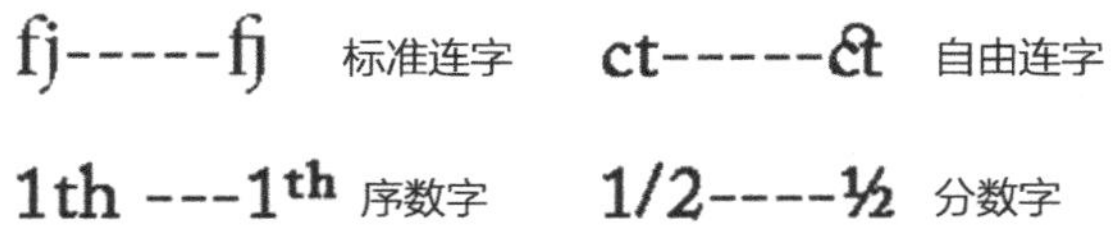

fj-----fj　标准连字　　ct-----ct　自由连字

1th---1th　序数字　　1/2----½　分数字

图 4-8　字符样式应用效果

2）"段落"面板：选择"段落"选项，切换到"段落"面板，如图 4-9 所示。

图 4-9　"段落"面板

①对齐方式：用于设置段落及段落文字的对齐方式，从左到右分别是左对齐（直排为顶对齐）、居中对齐、右对齐（直排为底对齐）、最后一行左对齐、最后一行居中对齐、最后一行右对齐和全部对齐。

②段落左缩进和段落右缩进：输入数值用于设置段落相对左边界或右边界的缩进量，数值越大缩进量越大。

③段前和段后间距：输入数值用于设置当前段落与前后段落的距离。

④连字：设置手动或自动断字，仅适用于罗马字符。

4.1.3　直排文字工具

直排文字工具也是常用的一种文本工具，用于在垂直方向创建文本，工具选项和横排文字工具基本一样，这里不再赘述。图 4-10 所示为使用"直排文字工具"在图像中输入文字的效果。

4.1.4　横排文字与直排文字的转换

利用 Photoshop 中的横排文字工具和直排文字工具可以在水平方向和垂直方向创建文本，这两种方式创建的不同方向的文本是可以相互转换的。

图 4-10　使用"直排文字工具"输入文字的效果

选择要转换文本的图层，执行下列操作之一：

①在工具箱中选择文字工具，然后单击属性栏中的"文本方向"按钮 ⬆T。

②选择菜单栏中的"图层"→"文字"→"水平"或"垂直"命令。

横排文字和直排文字的转换如图 4-11 所示。

图 4-11　横排文字和直排文字的转换

4.2　创建文字选区

在 Photoshop 中除了提供了创建文字的工具，还提供了创建文字选区的工具，与文字工具相对应的分别是横排文字蒙版工具 和直排文字蒙版工具 。利用文字蒙版工具创建的文字选区与其他选区工具创建的选区是一样的，用途及各种操作与其他选区也一样。与其他选区的创建不同的是，文字蒙版工具创建选区时是在蒙版状态下进行的，当创建结束后单击"提交"按钮或按 Enter 键后会产生文字选区。

4.2.1　横排文字蒙版工具

利用横排文字蒙版工具可以在水平方向创建文字形状的选区，各项设置与横排文字的工具一样，只是最后生成的不是文字而是文字形状的选区，具体操作如下：

1）在工具箱中选择"横排文字蒙版工具"，在属性栏中设置相应的字体、字号等参数（如设置字体为汉仪雪峰简、加粗、36 号字）。

2）在工具箱中单击"快速蒙版"按钮转换为蒙版视图，在预定的位置单击，并输入文字"跳动的音符"。

3）单击文本工具属性栏中的"提交"按钮或选择工具箱中的"移动工具"，退出蒙版编辑状态，生成文字选区，效果如图 4-12 所示。

图 4-12　创建的文字选区

> 若要改变文本选区的位置，要在提交之前按住 Ctrl 键，然后拖动鼠标即可。
> 若要改变文本的形状也是同样在提交前进行操作。
> 提交后选区不能做为文本来进行修改或进行其他文本类的操作。

4.2.2　直排文字蒙版工具

利用直排文字蒙版工具可以在垂直方向创建文字形状的选区，操作方法与横排文字工具一样，如图 4-13 所示为利用直排文字蒙版工具建立的文字形状的选区。

图 4-13　利用直排文字蒙版工具
创建的文字选区

4.3　创建路径文字

利用路径可以将文本按任何封闭和不封闭的线路来排列，操作非常简单，只要在文档中创建路径就可以将文本沿路径轨迹输入，且输入后还可以根据需要进行修改。

4.3.1　在不封闭的路径上添加文字

在不封闭的路径上添加文字，文字的位置在路径的上部或外侧，操作如下：

1）打开素材文件 D04-01.jpg，在工具箱中选择"钢笔工具"，绘制固定形状的路径，如图 4-14 所示。

2）在工具箱中选择"横排文字工具"，设置字体为华文新魏、字号为 48、粗体、颜色为 #a00400，将鼠标指针靠近路径，指针变为图 4-15 中所示的形状。

3）单击即可输入沿路径排列的文字，如图 4-16 所示。

图 4-14　绘制路径　　　图 4-15　文本工具沿路径输入图标　　　图 4-16　沿路径输入的文本

> **提示**
>
> 　　输入文本后的路径仍然可以利用路径工具进行修改，且在路径修改后文字也会随之变化。

4.3.2　在路径内添加文字

在路径内添加文字是指在封闭的路径中添加文字，操作方法与在不封闭的路径上创建文字的方法相同。

1）在文档中使用路径工具绘制一个封闭的路径，如图 4-17 所示。

2）在工具箱中选择"横排文字工具"，设置字体为 museo、字号为 54、粗体、颜色为 #a00400，将鼠标指针靠近路径，当指针变为 I 形状时，单击，将出现固定宽度的文本定界框，如图 4-18 所示。

图 4-17　绘制封闭路径

图 4-18　文本定界框

3）输入文本"Happy Valentine's Day !!!"，文本则位于路径内的固定区域内，如图 4-19 所示。

图 4-19　封闭路径内的文本

4）在封闭路径中输入的文本是出现在一定的定界框内的，如果文本超出了文本定界框的大小，则会在右下角出现超出范围的图标⊞。

　　当选择文字工具时，如将鼠标指针移到路径的外部则出现，此时输入的文本是沿路径的外部排列的。如将鼠标指针移动到封闭路径的内部则出现，此时输入的就是在路径内的一定区域的文本。

4.4　段落文字

　　前面的知识是利用文本工具创建的点文字，利用 Photoshop 的文本工具不但可以输入点文字还可创建段落文字。

　　段落文字与点文字的区别：段落文字在输入时会根据定界框的尺寸自动换行，且可以进行段落格式的设置。点文字每字都可以是独立的，行的长度随文字的长度进行缩放不会自动换行，要换行必须使用 Enter 键。

4.4.1　创建段落文字

创建段落文字的操作如下：

1）在工具箱中选择文字工具，在一定的位置单击并拖动鼠标，即可以绘制一个文本定界框，如图 4-20 所示。

2）输入一段文字，当文字到达定界框边缘时会自动换行，如图 4-21 所示。

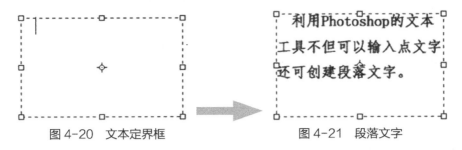

　　图 4-20　文本定界框　　　　　　　　　　图 4-21　段落文字

3）拖动文本定界框的同时按住 Alt 键，弹出"段落文字大小"对话框，如图 4-22 所示，可以设置文本定界框的固定大小。

4）当输入的段落文本超出文本定界框的区域时，系统会给出一个图标提示，如图 4-23 所示。

图 4-22　"段落文字大小"对话框

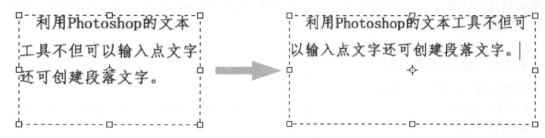

图 4-23　文本内容超过文本定界框区域

4.4.2　变换段落文字

在 Photoshop 中创建段落文字后，通过拖动定界框的控制点可以改变文本的样式。

1）选择文本工具，单击已创建的段落文本，定界框的四周会出现 8 个控制点，拖动任意一个控制点都可以改变定界框的大小，段落文字也会随之改变，如图 4-24 所示。

图 4-24　改变文本定界框的大小

2）当鼠标指针位于控制点上变为旋转符号时，可以将定界框进行旋转，文字也会随之旋转，效果如图 4-25 所示。

3）当按住 Ctrl 键时，鼠标指针在控制点上会变为斜切图标，此时拖动鼠标可以将定界框进行斜切处理，文字也会随之变形，效果如图 4-26 所示。

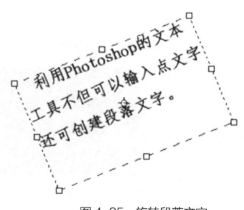

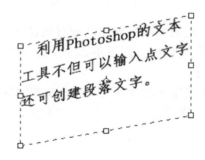

图 4-25　旋转段落文字　　　　　　　图 4-26　倾斜段落文字

【项目实施】——卡片设计与制作

中秋节将至，馨香食品公司为答谢新老客户精心准备了礼品。为方便携带和领取，决定以贺卡和提货券的形式发放。小刘负责此项工作中最重要的环节——卡片设计，他深知一张张卡片传递的不仅仅是一件商品或礼物，而是与每一位客户的深度沟通与交流，方寸间要充分展现企业的文化与关怀。

工作任务 4.1　制作中秋贺卡

【工作任务】

节日贺卡的主要作用是烘托节日气氛、传递祝福。本任务要求完成如图 4-27 和图 4-28 所示的中秋节日贺卡。

图 4-27　节日贺卡封页

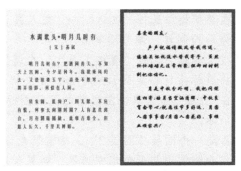

图 4-28　节日贺卡内页

【任务解析】

中秋节是中国的传统节日，中秋节日贺卡要营造团聚、祥和的氛围，传递祈盼与祝福，表达珍重和关怀之情谊。本任务的重点是贺卡主页面图案和文字的设计与制作。完成本任务要掌握 Photoshop 文字工具编排文字、段落的技能。

【任务实施】

1. 制作贺卡封底封页

1）新建名称为 RW0401 封页 .psd 的文档，画布选择"打印"选项组中的 A4、设置方向为横向、分辨率为 300 像素 / 英寸、背景为白色、颜色模式为 RGB 颜色模式，具体如图 4-29 所示。

2）绘制封底（左侧）。

① 打开标尺并设置单位为百分比，在左侧标尺上拖出一条垂直辅助线放置在画布 50% 处（画布中线）。

② 在工具箱中选择 "矩形选框工具"，在画布左半部分建立矩形选区。

③ 新建一个图层"图层 1"。在工具箱中选择"渐变工具"，在属性栏中设置红色线性渐变，3 个颜色为暗红色（RGB 为 124、0、0）、红色（RGB 为 172、0、0）、暗红色（RGB 为 124、0、0），在选区内自上向下拖动填充渐变，如图 4-30 所示。按 Ctrl+ D 组合键取消选区。

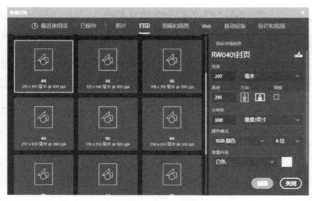

图 4-29　新建文档

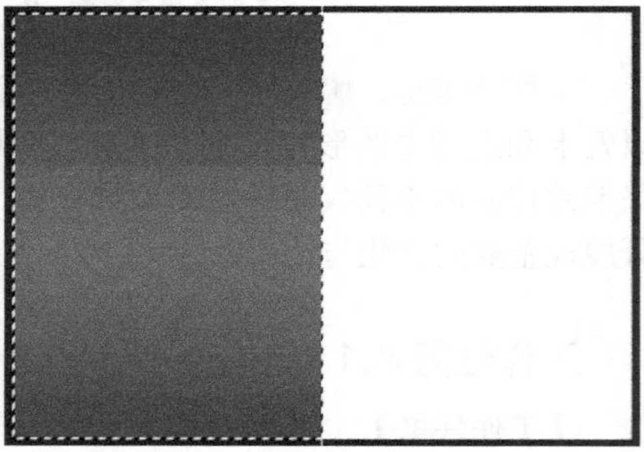

图 4-30　线性渐变

3）导入祥云图案。

①在菜单栏中选择"文件"→"置入嵌入对象"命令，置入素材文件 RW0401 素材 1.jpg，拖动控制点，调整图案大小。

②在工具箱中选择"魔棒工具"，在属性栏中设置容差为 20，取消选中"连续"复选框，将鼠标指针移至祥云处单击，建立祥云选区，如图 4-31 所示。

③在"图层"面板单击图层前的隐藏图标 ◉ 隐藏当前图层，完成后的"图层"面板如图 4-32 所示。

④新建一个图层"图层 2"，将前景色设置为暗红色（RGB 为 122、7、4）。按 Alt+Delete 组合键使用前景色填充选区，效果如图 4-33 所示，完成贺卡封底页面的制作。

图 4-31　建立祥云选区

图 4-32　"图层"面板

图 4-33　前景色填充选区

2. 制作贺卡封面（右侧）

1）置入背景素材。

①在菜单栏中选择"文件"→"置入嵌入对象"命令，将素材图像 RW0401 素材 2.jpg 置入文档中，拖动控制点缩放到覆盖右侧的空白区域。

②在"图层"面板中选择置入的"素材 2"图层，单击，并向下拖动鼠标，将当前图层调整到"图层 1"下方、背景层上方，完成后的"图层"面板如图 4-34 所示。

③在"图层"面板中设置"素材 2"图层的不透明度为 22%，完成效果如图 4-35 所示。

图 4-34　移动图层

图 4-35　背景效果

2）置入花卉素材并添加投影效果，置入的两张花卉素材图层位置均是图层 1 下方、"素材 2"上方，"图层"面板如图 4-36 所示。

①置入素材文件 RW0401 素材 3.jpg，并在"图层"面板置入图层上右击，在弹出的快捷菜单中选择"栅格化图层"命令。

②在工具箱中选择"魔棒工具"，单击选择白色背景区域，按 Delete 键删除。按 Ctrl+T 组合键，调整抠图后图像的大小并放置到适当位置。

③在"图层"面板底部单击 fx 按钮，在弹出的下拉列表中选择"投影"命令，弹出"图层样式"对话框（图层样式知识点会在后续章节中详细讲解），在"投影"选项组中设置不透明度为 30%、角度为 120°、距离为 20 像素、扩展为 0%、大小为 20 像素，如图 4-37 所示，完成后单击"确定"按钮，投影效果如图 4-38 所示。

图 4-36　"图层"面板

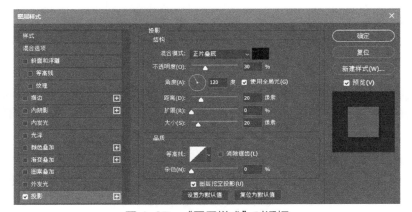

图 4-37　"图层样式"对话框

④重复上述操作，置入素材文件 RW0401 素材 4.jpg 并删除背景。选择"编辑"→"变

换"→"水平翻转"命令。调整图像的大小和位置，设置如图 4-37 所示的投影效果，完成后的效果如图 4-38 所示。

图 4-38　为花添加投影效果

3）制作封面月亮。

①新建图层"图层 3"，在工具箱中选择"椭圆选框工具"，在封面中部绘制正圆形选区，设置前景色为黄色（RGB 为 235、248、10）。

②选择"油漆桶工具"，在属性栏中设置不透明度为 30%，向选区内填色，绘制如图 4-39 所示的圆月。

4）添加中秋图文。

①置入素材文件 RW0401 素材 5.jpg 并栅格化图层，使用"魔棒工具"选择白色区域并删除形成"中"字图形，将其调整到适当的大小和位置。

②在工具箱中选择"横排文字工具"，在属性栏中设置字体为文鼎中特广告体、大小为 85 点，如图 4-40 所示。将鼠标指针移至月亮图中单击并输入文字"秋"字，完成后如图 4-41 所示。

图 4-39　圆月

图 4-40　文字工具的属性栏

③在工具箱中选择"移动工具"，在菜单栏中选择"编辑"→"变换"→"斜切"命令，在属性栏中设置 V 为 −10° 或将鼠标指针移动到文字右侧，当鼠标指针变为 形时，按住鼠标左键向上拖动，完成后的效果如图 4-42 所示。

④栅格化"秋"字图层，将"中"和"秋"两个图层合并。按住 Ctrl 键在"图层"面板中单击图层缩略图 ，创建"中秋"文字选区，如图 4-43 所示。

⑤新建图层"图层 4"，选择工具箱中的"渐变工具"，在渐变拾色器中选择"紫、橙渐变"
（见图 4-44）、类型为线性渐变，取消选中"反选"复选框，在选区内从上到下拖动
鼠标填充，完成后的效果如图 4-45 所示，按 Ctrl+D 组合键取消选区。

图 4-41　输入"秋"字　　　　　　　图 4-42　"秋"字斜切后

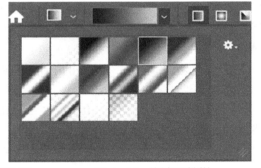

图 4-43　创建"中秋"文字选区　　　　图 4-44　渐变属性栏　　　　图 4-45　填充紫橙渐变

⑥单击"图层"面板底部的 fx. 按钮，在弹出的"图层样式"对话框中设置投影效果和外
发光效果，具体设置如图 4-46 和图 4-47 所示。

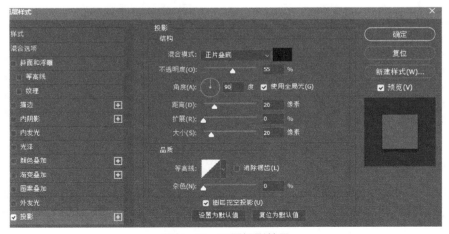

图 4-46　设置投影效果

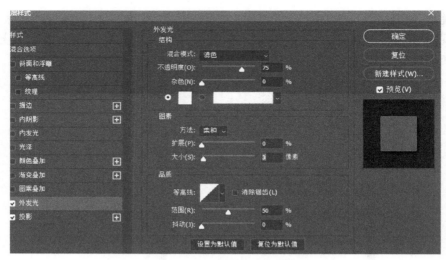

图 4-47　设置外发光效果

5）制作封面左上方文字。

①在工具箱中选择"直排文字工具"，在属性栏中设置字体为文鼎淹水体、大小为 26 点。将鼠标指针移至封面左上角单击并输入文字"花好月圆 吉祥如意"。

②在工具箱中选择 "渐变工具"，在属性栏中打开渐变拾色器，单击右侧的⬚按钮，在弹出的下拉列表中选择"协调色 1"命令，在弹出的对话框中单击"追加"按钮，即在渐变拾色器中追加了渐变预设方案。

③在渐变预设方案中选择"深色谱"（见图 4-48）。按住 Ctrl 键单击文字"花好月圆吉祥如意"图层缩略图建立文字选区。

④新建图层，在选区内自上向下填充渐变，完成后的效果如图 4-49 所示，按 Ctrl+ D 组合键取消选区，隐藏原来的文字图层。

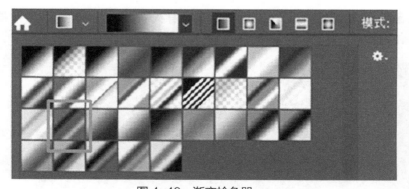

图 4-48　渐变拾色器　　　　　　　　　　　　　　　　　图 4-49　渐变文字

6）制作封面下方文字。

①在工具箱中选择 "横排文字工具"，在属性栏中设置字体为文鼎中特广告体、大小为 26 点、颜色为玫粉色（RGB 为 200、61、113）。将鼠标指针移到封面下方单击并输入文字"每逢佳节倍思亲"。

②选中文字,在属性栏中单击▣按钮打开"字符"面板,设置字距为100,如图4-50所示。

③在工具箱中选择"横排文字工具",在属性栏中设置字体为Pristina、大小为26点、颜色为绿色(RGB为110、149、118)。在封面下方单击输入"Mid-autumn festival",如图4-51所示。

④分别为新建的两个文字图层添加投影效果,方法同上。

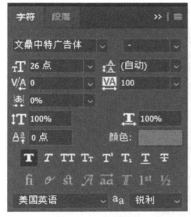

图 4-50 "字符"面板

图 4-51 文字效果

3. 制作贺卡内页

1)新建一个名称为RW0401内页.psd的文档,方法和参数设置同封页,这里不再赘述。

2)填充背景。

①在工具箱中选择"油漆桶工具",在属性栏中设置类型为图案。单击右侧的▾按钮打开图案拾色器,单击右侧的✿按钮,在弹出的菜单中选择"彩色纸"命令,在弹出的对话框中单击"追加"按钮。在图案拾色器中追加了"彩色纸"预设方案,选择"金色羊皮纸",如图4-52所示。

②新建图层"图层1",将鼠标指针移至画布中单击,将图案填至图层中,结果如图4-53所示。

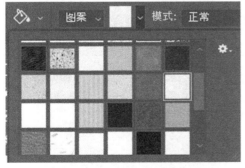

图 4-52 图案拾色器

图 4-53 填充背景图案

3)输入左侧文字。

①在左侧标尺上拖出一条辅助线放置在画布50%处。

②选择工具箱中的"横排文字工具",在属性栏中设置字体为方正姚体、大小为18点、

颜色为深红（RGB 为 172、0、0）。将鼠标指针移至画布左侧，单击并拖动鼠标绘制 W 为 40%、H 为 80% 的文本框，在文本框中输入文字"水调歌头·明月几时有……"，如图 4-54 所示。

③选中第一行文字，在"字符"面板中设置大小为 24 点、字距为 75，如图 4-55 所示，设置完成按 Enter 键确认。选择"段落"面板如图 4-56 所示，单击"居中对齐"按钮并按 Enter 键确认。

图 4-54　输入文字

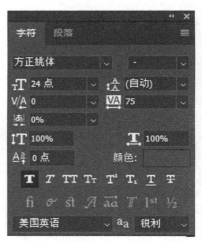

图 4-55　第一行文字的"字符"面板

④选中第二行文字，在"段落"面板中单击"居中对齐"按钮，将第二行文字设置为居中对齐。

⑤选择三、四段文字，在"字符"面板中设置大小为 18 点、字距为 75，如图 4-57 所示。在"段落"面板中设置最后一行为左对齐、首行缩进 40 点、段后添加空格 20 点，如图 4-58 所示，设置完成后按 Enter 键确认，效果如图 4-59 所示。

图 4-56　第一行文字的"段落"面板

图 4-57　三、四段文字的"字符"面板

图 4-58　最后一行文字的"段落"面板

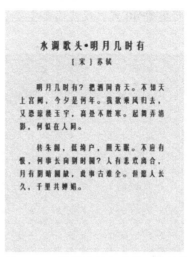

图 4-59　设置字符和段落后的效果

4）制作内页右侧内容。

①在工具箱中选择"矩形选框工具",在画布右侧创建右侧覆盖的矩形选区。新建图层"图层 2",设置前景色为深红色（RGB 为 172、0、0）,在工具箱中选择"油漆桶工具",在属性栏中设置填充类型为前景、不透明度为 100%,向选区填色。

②在菜单栏中选择"选择"→"变换选区"命令,在属性栏中设置 W 为 94%、H 为 96%,按 Enter 键提交变换,然后按 Delete 键删除选区内容形成如图 4-60 所示的红色外框。

③选择工具箱中的"横排文字工具",在属性栏中设置字体为华文行楷、大小为 20 点、颜色为黑色。在辅助线右侧单击并自左向右拖动鼠标,绘制 W 为 40%、H 为 80% 的文本框,输入文字"亲爱的朋友……",如图 4-61 所示。

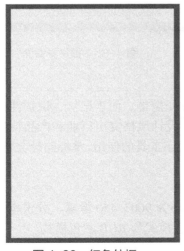

图 4-60　红色外框

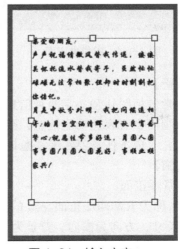

图 4-61　输入文字

④选择二、三段文字,在"段落"面板（见图 4-62）中设置对齐方式为最后一行左对齐、

首行缩进 40 点、段前添加空格 20 点，设置完成按 Enter 键确认，结果如图 4-63 所示。

图 4-62 "段落"面板

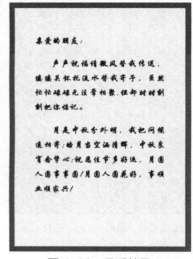

图 4-63 最后结果

工作任务 4.2 制作提货券

【工作任务】

提货券是领取商品的凭证，本任务是完成如图 4-64 和图 4-65 所示的提货券。

图 4-64 提货券正面

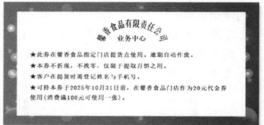

图 4-65 提货券背面

【任务解析】

提货券通常包括图片和文字两种信息，具有方便携带、便于记忆、识别性强等特点，设计与制作注重画面直观表达功能信息，图案和文字设计风格突出行业和产品特征，版式简明扼要、层次分明。完成本任务要熟练掌握 Photoshop 文字工具的使用，掌握路径文字的编辑方法。

【任务实施】

1. 制作提货券正面

1）新建名称为 RW0402 正面 .psd 的文档，大小为 900×450 像素、分辨率为 300 像素 / 英寸、方向为横向、背景为白色、颜色模式为 RGB 颜色模式。

2）置入背景素材。

在菜单栏中选择"文件"→"置入嵌入对象"命令，置入 RW0402 素材 1.jpg

素材文件，完成后如图 4-66 所示。

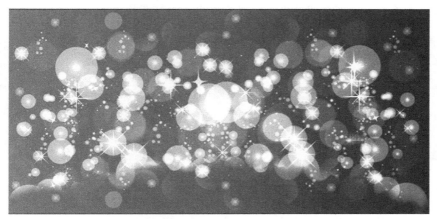

图 4-66　置入背景素材

3）输入文字。

①新建一个图层，在工具箱中选择"横排文字工具"，在属性栏中设置字体为方正粗倩繁体、大小为 26 点、颜色为白色。将鼠标指针移至画面左侧垂直居中位置单击并输入文字"提货券"。在工具箱中选择"移动工具"，适当调整文字位置。在"字符"面板中设置"字距为 100"，如图 4-67 所示，结果如图 4-68 所示。

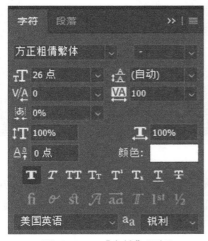

图 4-67　"字符"面板

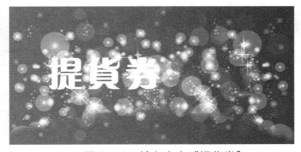

图 4-68　输入文字"提货券"

②在工具箱中选择"横排文字工具"，在属性栏中设置字体为创意繁标宋、大小为 8 点。将鼠标指针移至画面左上部单击并输入"NO.000169"。

③新建一个图层，在工具箱中选择"横排文字工具"，在画布右上部单击并输入"MOON CAKE"。

④利用相同的方法，设置字体为宋体、大小为 9 点、颜色为黑色。在画布底部输入文字"吉林省馨香食品有限责任公司"，结果如图 4-69 所示。

4）绘制月饼。

①在标尺上拖出纵横两条辅助线，位置为横向 50%、纵向 80%，如图 4-70 所示。

图 4-69　输入文字后的提货券　　　　　　　　　图 4-70　绘制辅助线

②在工具箱中选择"椭圆选框工具"，在属性栏中设置羽化为 3 像素，在辅助线的交点处单击并同时按下 Shift+Alt 组合键绘制如图 4-71 所示的正圆选区。

③设置前景色为米黄色（RGB 为 238、219、189），新建一个图层，在工具箱中选择"油漆桶工具"，向选区填色，结果如图 4-72 所示。按 Ctrl+D 组合键取消选区。

④在工具箱中选择"椭圆选框工具"，设置羽化为 0 像素，在辅助线的交点处单击并同时按下 Shift+Alt 组合键绘制一个略小的正圆选区，如图 4-73 所示。

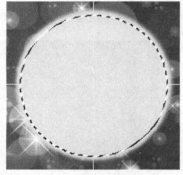

图 4-71　建立正圆选区　　　　　　图 4-72　向选区填色　　　　　　图 4-73　建立选区

⑤新建一个图层，在菜单栏中选择"编辑"→"描边"命令，弹出"描边"对话框（见图 4-74）。设置宽度为 3 像素、颜色为红色（RGB 为 187、10、10）、位置为居中，单击"确定"按钮，描边结果如图 4-75 所示。

⑥在菜单栏中选择"文件"→"置入嵌入对象"命令，置入图案素材 RW0402 素材 3.jpg 并栅格化。在属性栏中等比例缩小至 5.5% W: 5.50% ∞ H: 5.50% 。在工具箱中选择"移动工具"，将素材图像移动到绘制的月饼上面，如图 4-76 所示。

⑦在工具箱中选择"魔棒工具"，设置容差为 20，单击选择白色背景并删除，结果如图 4-77 所示。按 Ctrl+D 组合键取消选区。

⑧在"图层"面板中，按住 Ctrl 键的同时单击当前图层的缩略图创建图案选区，设置前景色为红色（RGB 为 187、10、10），按 Alt+Delete 组合键使用前景色填充选区，结果如图 4-78 所示。

图 4-74　"描边"对话框 1

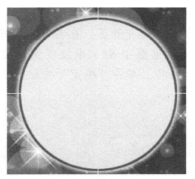

图 4-75　描边选区

图 4-76　缩放、移动后的素材

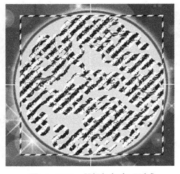

图 4-77　删除白色区域

图 4-78　前景色填充图案

⑨在工具箱中选择"直排文字工具"，在属性栏中设置字体为方正琥珀繁体、大小为 17 点、颜色为黑色。在月饼图案上输入文字"中秋月饼"。在"字符"面板中设置行距为 18 点、字距为 100，如图 4-79 所示，结果如图 4-80 所示。

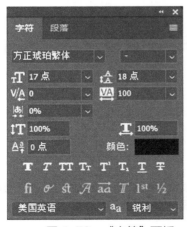

图 4-79　"字符"面板

图 4-80　输入文字后的效果

⑩在"图层"面板中按住 Ctrl 键的同时单击当前图层的缩略图创建文字选区，在"图层"面板单击当前图层前的◉图标，隐藏文字图层。

⑪新建一个图层，设置前景色为米色（RGB 为 238、219、189），按 Alt+Delete 组合键使用前景色填充选区。在菜单栏中选择"编辑"→"描边"命令，在弹出的"描边"对话框（见图 4-81）中设置宽度为 2 像素、颜色为红色（RGB 为 187、10、10）、位置为居中，单击"确定"按钮，结果如图 4-82 所示。

图 4-81　"描边"对话框 2　　　　　图 4-82　文字填色和描边

2. 制作提货券背面

1）重复"制作提货券正面"中 1）的操作，新建文档名称为 RW0402 背面 .psd，置入素材文件 RW0402 素材 1.jpg。

2）绘制白色矩形。

①新建一个图层，在工具箱中选择 "矩形选框工具"，设置羽化为 0 像素，绘制一个略小于画布的矩形选区。在工具箱中选择"油漆桶工具"，向选区填充白色。按 Ctrl+D 组合键取消选区。

②在工具箱中选择"移动工具"，单击属性栏中的▦按钮打开"对齐"面板（见图 4-83）。设置对齐为画布，单击"水平居中"▮和"垂直居中"▮按钮，使白色矩形绝对居中于画布，如图 4-84 所示。

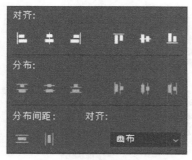

图 4-83　"对齐"面板　　　　　图 4-84　白色矩形绝对居中

3）制作企业部门名称。

①新建一个图层，在工具箱中选择"椭圆工具"，在属性栏中设置模式为路径，在画布中上部绘制椭圆路径，如图 4-85 所示。

②选择工具箱中的"横排文字工具"，在属性栏中设置字体为宋体、大小为 6 点、颜色为黑色。将鼠标指针移至路径左侧中部，当鼠标指针变为 形状时单击，光标即会在路径上闪烁，输入文字"馨香食品有限责任公司"，结果如图 4-86 所示。

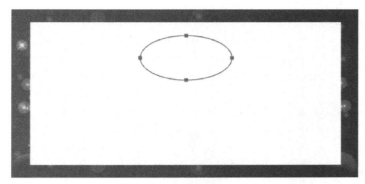

图 4-85　椭圆路径　　　　　　　　　　图 4-86　输入文字

③选择输入的文字，在"字符"面板中设置垂直缩放为 140%、字距为 -5，如图 4-87 所示，结果如图 4-88 所示。

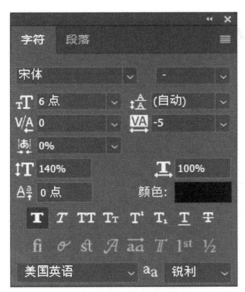

图 4-87　"字符"面板 1　　　　　　　图 4-88　调整后的文字效果

④新建一个图层，在工具箱中选择"横排文字工具"，在画布中单击输入文字"业务中心"。

⑤选择刚输入的文字，在"字符"面板中设置垂直缩放为 100%、字距为 0，如图 4-89 所示，结果如图 4-90 所示。

4）输入主体文字。新建一个图层，在工具箱中选择"横排文字工具"，在属性栏中设置字体为宋体、大小为 5 点、颜色为黑色。在画布中绘制 W 为 80%、H 为 70% 的文本框，输入文字"★此券在馨香……"，完成如图 4-65 所示的提货券背面制作。

图 4-89 "字符"面板 2

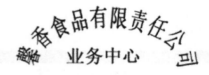

图 4-90 文字效果

项目小结

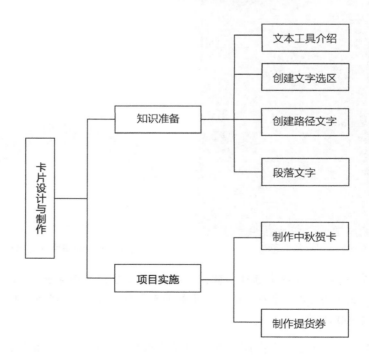

能力巩固与提升

一、填空题

1）Photoshop 的文字工具属性栏中的"消除锯齿"有 5 个选项，分别是＿＿＿＿＿、＿＿＿＿＿、＿＿＿＿＿、＿＿＿＿＿和＿＿＿＿＿，这些选项可以通过部分填充边缘像素来产生不同边缘的文字效果。

2）Photoshop 中文字的基线偏移，是用于在选中字符的状态下，设置基线值，当值为正数时是向＿＿＿＿＿偏移，值为负数时是向＿＿＿＿＿偏移。

3）利用文字蒙版工具可以创建选区，但若要修改选区则最好在提交前进行修改。若要改变位置，要在提交之前按住＿＿＿＿＿，用鼠标拖动即可；提交后将不能作为＿＿＿＿＿来进行修改或其他文本类的操作。

4）Photoshop 中段落文字与点文字的区别是，段落文字在输入时会根据＿＿＿＿＿的尺寸自动换行，且可以进行＿＿＿＿＿的设置。点文字每字都可以是＿＿＿＿＿的，行的长度随文字的长度进行＿＿＿＿＿，不会＿＿＿＿＿，要＿＿＿＿＿必须使用＿＿＿＿＿。

二、基本操作练习

1）熟练掌握横排文字工具和竖排文字工具及其属性栏的基本操作和技巧。

2）练习利用不封闭路径工具和封闭路径工具输入文字。

3）熟练掌握"字符"面板和"段落"面板的基本操作。

三、拓展训练

1. 制作展板

素材　　　　　　　　　　　　　　　　结果

2. 制作名片

素材　　　　　　　　结果正面　　　　　　　　　　结果背面

3.旗

素材 1 素材 2

结果 1 结果 2

四、拓展训练

1.交流与训练

1）分组交流讨论文本工具、"字符"面板和"段落"面板的操作和技巧，并总结使用技巧。

2）利用文字变形操作，制作至少 3 种以上的变形文字效果。

3）选取多张自己或朋友的生活照，利用文字路径等文字工具，为生活照添加个性文字，制作时尚艺术相册。

2.项目实训

项目名称：名片。

项目准备：熟练掌握本项目所讲的知识与技能，收集和整理名片设计所需要的素材，为某公司或个人设计名片。

内容与要求：

1）名片版面设计美观、实用、大方。

2）以文字工具为主要工具。

3）要积极和名片使用者沟通，符合公司或个人使用者的需要。

项目 5

标志设计

❖ 项目描述

利用 Photoshop 的形状工具组除了可以绘制直线、椭圆和矩形等基本图形，还可以绘制各种路径和图形。路径可以和选区相互转换，还可以对路径进行描边、填充等操作。本项目主要是学习利用 Photoshop 中的形状工具组绘制图形并编辑、创建各种路径并编辑的操作方法和技巧，能够熟练运用形状工具和钢笔工具完成设计的任务。

❖ 学习目标

1）了解和熟悉 Photoshop 路径与形状的创建和编辑方法。

2）掌握各种形状工具的使用方法和技巧。

3）具有运用所学知识完成项目、工作任务、课后习题与操作训练的能力。

4）培养和树立高尚的职业道德和服务社会的意识。

【知识准备】——形状工具

5.1 绘制形状

5.1.1 形状工具组

Photoshop 的形状工具组如图 5-1 所示，包括矩形工具、圆角矩形工具、椭圆工具、多边形工具、直线工具和自定形状工具，使用 Shift+U 组合键可以切换选择形状工具。形状工具有 3 种模式，即形状、路径和像素。选择形状工具后可在属性栏中设置模式，图 5-2 所示是"矩形工具"属性栏中的像素模式选项。

1）形状：此选项是在单独的图层中创建形状。形状图层包含定义形状颜色的填充图层及定义形状轮廓的链接矢量蒙版。形状轮廓是路径，可在"路径"面板中显示。

2）路径：在当前图层中绘制一个工作路径，如不存储工作路径，则是一个临时路径，但可在"路径"面板中显示。

3）像素：此选项是直接在图层上绘制像素图像。此模式创建的是栅格图像，而非矢量图形。

图5-1 形状工具组

图5-2 像素模式选择

5.1.2 矩形工具

利用矩形工具可以绘制矩形或正方形，具体操作如下：

1）在工具箱中选择"矩形工具"，其属性栏如图5-3所示。其中，各选项从左到右依次如下。

图5-3 "矩形工具"的属性栏

①设置形状模式：用于选择绘制形状的模式，包括形状、路径和像素3个模式选项。

②填充：用于设置形状的填充类型，包括无、颜色、渐变和图案4个选项。其中，填充为"无"时，形状无填充。

③描边：用于设置形状的描边类型，包括无、颜色、渐变和图案4个选项。其中，描边为"无"时，形状无描边。

④描边宽度：用于设置形状描边的宽度，取值范围为 0 ~ 288 像素。

⑤描边类型：用于设置形状描边的类型。

⑥W（形状宽度）：用于设置形状的宽度。

⑦H（形状高度）：用于设置形状的高度。

⑧路径设置：用于设置路径的组合、对齐和排列方式。

⑨选项面板：单击打开面板，如图5-4所示，用于设置矩形形状工具的具体参数。

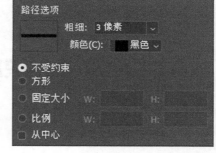
图5-4 设置矩形形状工具的参数

a."不受约束"：允许通过鼠标拖动来设置矩形（包括圆角矩形、椭圆或自定形状）的宽度和高度。

b."方形"：选中此单选按钮，将绘制出正方形。

c."固定大小"：选中此单选按钮，可以输入固定的宽度和高度来约束形状的高度和宽度。

d."比例"：选中此单选按钮，可以输入宽度和高度的比例值，按指定比例绘制图形。

e."从中心"：选中此单选按钮，会从中心向外扩展来绘制图形。

⑩对齐边缘：选中此复选框，可将矩形或圆角矩形的边缘对齐像素边界。

2）属性栏中设置完成后，在画布中单击或拖动鼠标绘制矩形。

5.1.3　圆角矩形工具

利用圆角矩形工具可以绘制圆角矩形或正方形，具体操作如下：

1）在工具箱中选择"圆角矩形工具"，其属性栏如图 5-5 所示。

图 5-5　"圆角矩形工具"的属性栏

2）其属性栏中的多数选项与"矩形工具"相同，这里不再赘述。其中，"半径"用于设置圆角矩形的圆角半径。

3）属性栏中设置完成后，在画布中单击或拖动鼠标绘制圆角矩形。

5.1.4　椭圆工具

利用椭圆工具可以绘制椭圆或圆形，具体操作如下：

1）在工具箱中选择"椭圆工具"，其属性栏与"矩形工具"的属性栏基本一样，只是选项面板设置略有差别。"椭圆工具"属性栏中的选项面板如图 5-6 所示。

2）其中多数选项与"矩形工具"相同，这里不再赘述。

3）属性栏中设置完成后，在画布中单击或拖动鼠标绘制椭圆或圆形。

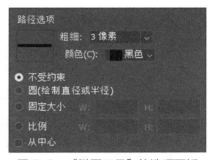

图 5-6　"椭圆工具"的选项面板

5.1.5　多边形工具

利用多边形工具可以绘制多边形，具体操作如下：

1）在工具箱中选择"多边形工具"，其属性栏如图 5-7 所示。

图 5-7　"多边形工具"的属性栏

①边：用于设置多边形的边数。

②选项面板：单击打开面板，如图 5-8 所示，用于设置多边形工具的具体参数。

a."半径"：用于设置多边形中心与外部点之间的距离。

b."平滑拐角"：选中此复选框，则绘制多边形时会平滑拐角。

c."星形"：选中此复选框，则绘制星形。

d."缩进边依据"：用于设置星形半径的缩进量，取值范围是 1% ~ 99%。数值越大，则多边形的角越尖，星形缩进效果越明显。

e."平滑缩进"：选中此复选框，在绘制星形时会平滑缩进。

2）属性栏中设置完成后，在画布中单击或拖动鼠标绘制多

图 5-8　"多边形工具"的选项面板

边形，图 5-9 所示是设置边数为 5、星形、半径为 80 像素，然后分别选择不同选项的绘制效果。

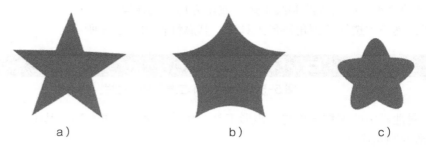

a）　　　　　　　　　　b）　　　　　　　　　　c）

图 5-9　多边形形状的效果

a) 缩进边依据为 50%　　b) 平滑缩进　　c) 平滑拐角

5.1.6　直线工具

利用直线工具可以绘制直线，具体操作如下：

1）在工具箱中选择"直线工具"，其部分属性栏及选项面板如图 5-10 所示。

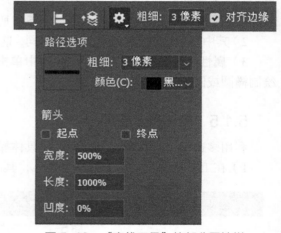

①粗细：用于设置直线的粗细，取值范围是 1~1000，数值越大直线越粗。

②选项面板：用于设置直线的起点、终点并创建箭头形状。

a."起点"与"终点"：用于设置直线箭头的位置，同时选中则在直线的两端创建箭头。

b."宽度"与"长度"：设置箭头宽度和长度的百分比，取值范围是 10% ～ 1000%。

c."凹度"：设置箭头的凹度值，取值范围是 -50% ～ +50%。正数向内凹陷，负数向外凸出。

图 5-10　"直线工具"的部分属性栏

2）在属性栏中设置完成后，在画布中单击或拖动鼠标绘制多边形，图 5-11 所示是不同凹度的箭头效果。

a)　　　　　　　　　　　　　　　b)

图 5-11　不同凹度的箭头

a) 凹度为 -20%　　b) 凹度为 20%

5.1.7　自定形状工具

在 Photoshop 的自定形状工具中提供了许多特殊形状工具，从而满足用户绘制一些特殊形状的需求，具体操作如下：

在工具箱中选择"自定形状工具"，其属性栏如图 5-12 所示。

图 5-12 "自定形状工具"的属性栏

形状：单击右侧的下拉按钮，打开自定形状选择面板，如图 5-13 所示，在面板中选择相应的形状。单击右侧的按钮，打开后可选择更多系统预置的自定形状，选择一种形状后系统会有"替换"或"追加"选项。"替换"，则仅显示新类别中的形状；"追加"，可将选择的形状添加到已显示的形状列表中。

图 5-13 自定形状选择面板

5.2 绘制与编辑路径

5.2.1 路径的概念

路径是通过钢笔或形状工具绘制的直线或曲线，路径可以是闭合的也可以是开放的，如图 5-14 所示。路径是选区工具的补充，有了路径就可以为复杂的图像创建精确的选区，并且路径还可以进行描边和填充效果。

1. 路径的基本要素

路径由锚点（也叫节点）、方向线（也叫控制手柄）及方向点（也叫控制点）构成，如图 5-15 所示。在曲线段上，每个选中的锚点会有一条或两条方向线。方向线和控制点的位置决定曲线段的大小和形状，拖动可以改变路径的形状。

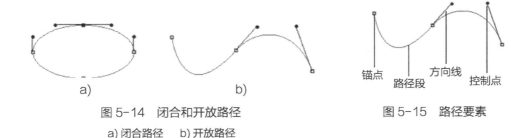

图 5-14 闭合和开放路径   图 5-15 路径要素

a) 闭合路径   b) 开放路径

2. 利用形状工具创建路径

选择形状工具后在属性栏中选择"路径"模式，就可以使用绘制形状的方法创建路径。

5.2.2 钢笔工具

Photoshop 中的钢笔工具组如图 5-16 所示，各工具主要用于路

图 5-16 钢笔工具组

径的创建和编辑，利用钢笔工具组可以创建直线或曲线路径，工具组中包括钢笔工具、自由钢笔工具、弯度钢笔工具、添加锚点工具、删除锚点工具和转换点工具。各工具的具体应用将在后面讲解。

钢笔工具是创建路径的重要工具，利用钢笔工具可以创建直线、曲线或闭合形状路径，具体操作如下：

1）在工具箱中选择"钢笔工具"，其属性栏如图 5-17 所示。

图 5-17　"钢笔工具"的属性栏

①工具模式：用于选择工具的模式，包括形状、路径和像素 3 个模式选项，默认是路径模式。
②橡皮带：选中此复选框可以预览两次单击鼠标指针之间的路径段。
③自动添加 / 删除：选中此复选框可在单击线段时添加或删除锚点。

2）绘制直线路径。

①在属性栏中设置工具模式为"路径"，并选中"橡皮带"复选框。
②在起始位置单击确定第一个锚点。
③在其他位置单击确定第二个锚点并生成第一个路径段。在单击的同时按下 Shift 键可以创建直线或 45° 角斜线。
④继续单击创建其他锚点。按下 Ctrl 键并单击，则创建开放路径，路径的结束位置是按下 Ctrl 键并单击之前创建的锚点。
⑤绘制闭合路径，最后一个锚点要点在起始的第一个锚点上（与第一锚点重合时鼠标指针下方会出现空的小圆圈），单击鼠标时，会创建闭合路径。图 5-18 所示是分别利用"直线工具"创建的开放和闭合路径。

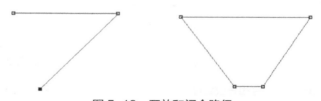

图 5-18　开放和闭合路径

3）绘制曲线路径。

①在曲线起始位置单击并沿一定方向拖动鼠标，第二个锚点位置单击并拖动，会在创建锚点的同时创建方向线。同时按下 Shift 键可以创建水平、垂直或 45° 角方向线，图 5-19 所示是按下 Shift 键创建了水平方向的方向线。
②在其他位置单击并拖动鼠标，则创建一定方向和曲度的曲线路径，如图 5-20 所示。方向线的长度和斜度决定了曲线的弧度。

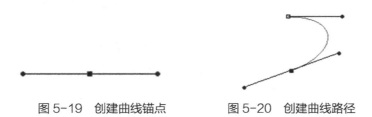

图 5-19　创建曲线锚点　　　　　图 5-20　创建曲线路径

　　按下 Ctrl 键，可以快速切换到空心箭头的选择工具，拖动可以调整路径段和锚点的位置；按下 Alt 键单击转换曲线锚点为直线锚点，继续单击则创建直线路径。

5.2.3　自由钢笔工具

　　自由钢笔工具可以像使用铅笔在纸上绘图一样自由绘制，单击并拖动鼠标即可绘制路径，具体操作如下：

1）在工具箱中选择"自由钢笔工具"，其属性栏如图 5-21 所示。

图 5-21　"自由钢笔工具"的属性栏

①"曲线拟合"：取值范围为 0.5 ~ 10.0 像素，数值越高，创建的路径锚点越少，路径越简单；数值越低，创建的路径锚点越多，创建的路径越贴近于手绘的边缘。

②"磁性的"：选中此复选框，钢笔转换成磁性钢笔工具，路径与图像中定义区域的边缘对齐。

③"宽度"：用于设置磁性钢笔检测范围，取值范围为 1 ~ 256 像素，数值越大检索的范围越大准确度越低；数值越小，检索的范围越小准确度也越高。

④"对比"：用于设置磁性钢笔的敏感度，取值范围为 1% ~ 100%，此值越高，图像的对比度越低。

⑤"频率"：用于设置锚点的密度，取值范围为 0 ~ 100 的整数，数值越高，路径锚点的密度越大。

2）在起始位置单击确定起始点，然后沿图像边缘拖动鼠标形成路径，并根据需要自动增加锚点。

3）如果出现错误，可以按 Delete 键删除上一个固定锚点和路径段。

4）按 Enter 键结束绘制，生成开放路径；双击鼠标则生成闭合路径，图5-22所示是利用"自由钢笔工具"在花周围绘制路径。

图 5-22　利用"自由钢笔工具"绘制路径

5.2.4　弯度钢笔工具

弯度钢笔工具可让用户轻松地绘制平滑曲线和直线段。可以在设计中创建自定义形状，或定义精确的路径，且不需要切换工具就能创建、切换、编辑、添加或删除平滑点或角点，具体操作如下：

1）在工具箱中选择"弯度钢笔工具"，"弯度钢笔工具"与"自由钢笔工具"的属性栏相同，这里不再赘述。

2）在菜单栏中选择"窗口"→"显示"→"网格"命令，在文档中显示网格。

3）在网络对称位置单击，绘制一个正圆形路径，如图5-23所示。

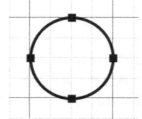

图 5-23　利用"弯度钢笔工具"
绘制正圆形路径

4）在"弯度钢笔工具"增加锚点的时候，单击为曲线，双击为直线。

5）双击平滑锚点可转换为角点，再次双击该点则将角点转换为平滑锚点。

6）拖动该锚点即可实现移动锚点。

7）要删除锚点，需单击该锚点，然后按 Delete 键。在删除锚点后，曲线将被保留下来并根据剩余的锚点进行适当的调整。

5.2.5　添加和删除锚点

添加锚点工具和删除锚点工具是用来添加和删除锚点的，添加锚点工具用于添加锚点，删除锚点工具用于删除锚点，使用时只需在锚点上单击即可。

在工具箱中选择"钢笔工具"并在属性栏中选中"自动添加 / 删除"复选框，当将钢笔工具定位到所选路径上方时，则会变为添加锚点工具；当将钢笔工具定位到锚点下方时，则会变为删除锚点工具。

5.2.6　转换点工具

利用转换点工具可以实现角点和平滑点的转换，具体操作如下：

1）使用直接选择工具选择路径。

2）在工具箱中选择"转换点工具"。

3）执行以下操作之一实现转换。

①将角点向外拖动，拖出方向线，角点转换成平滑点。

②单击平滑点可将平滑点转换成没有方向线的角点。

5.2.7　路径选择工具

路径选择工具 ▶ 是用于选择单个或多个路径的。单击路径可以选择单个路径，按住 Shift 键的同时单击可以选择多个路径。

5.2.8　直接选择工具

直接选择工具 ▷ 用于调整路径的方向线和控制点，还可以移动路径中的锚点或路径段，在工具箱中选择"直接选择工具"即可使用。

5.3　路径的相关操作

5.3.1　"路径"面板

在"路径"面板中会列出文档中存储的路径和当前工作路径的名称和缩览图。在菜单栏中选择"窗口"→"路径"命令，打开"路径"面板，如图 5-24 所示。

1. 选择路径

在"路径"面板中单击要选择的路径名称即可，但在"路径"面板中一次只能选择一条路径。

2. 取消选择路径

若要取消已经选择的路径只需在"路径"面板的空白区域中单击或按 Esc 键即可。

3. 设置路径缩览图

单击右上角的按钮打开路径面板菜单，如图 5-25 所示，选择"面板选项"命令，即可在弹出的对话框中调整缩览图显示的大小或者关闭缩览图。

4.调整路径的堆栈顺序

在"路径"面板中选择要移动的路径，单击并向上或向下拖动鼠标到相应的位置，当出现黑色的实线时释放鼠标左键即可。

"路径"面板下方从左到右的按钮依次为用前景色填充路径、用画笔描边路径、将路径作为选区载入、从选区生成工作路径、添加失量蒙版、创建新路径、删除当前路径。

图 5-24　"路径"面板　　　　　　　　　图 5-25　路径面板菜单

5.3.2　新建路径

在"路径"面板中创建新路径的操作如下：

1）单击"路径"面板下方的"创建新路径"按钮，创建默认名称的路径，默认的名称依次为路径 1、路径 2 等。

2）单击"路径"面板右上角的按钮，打开路径面板菜单并选择"新建路径"命令或按住 Alt 键的同时单击面板下方的"创建新路径"按钮，弹出"新建路径"对话框，如图 5-26 所示，在对话框输入路径的名称，然后单击"确定"按钮。

图 5-26　"新建路径"对话框

在"路径"面板中创建新路径后可以选择绘制路径的工具，如钢笔工具或形状工具来绘制路径。

5.3.3　编辑路径

1. 重命名路径

在"路径"面板中双击要重命名的路径名，然后输入新的路径名称，再按 Enter 键即可。

2. 删除路径

在"路径"面板中单击选择路径，执行以下操作之一：

①将路径拖动到"路径"面板下方的"删除当前路径"按钮上。

②在"路径"面板的菜单中选择"删除路径"命令。

③单击"路径"面板下方的"删除当前路径"按钮，然后在弹出的对话框中单击"是"按钮。

④直接删除路径不需要确认：按住 Alt 键的同时单击"路径"面板下方的"删除当前路径"按钮。

5.3.4　路径与选区的转换

在 Photoshop 中，路径和选区可以互相转换，在"路径"面板中可以单击相应的按钮进行路径和选区的转换。

1. 路径转换为选区

在"路径"面板中选择要转换的路径，执行以下操作之一：

①单击"路径"面板下方的"将路径作为选区载入"按钮 ○。

②按住 Ctrl 键的同时单击"路径"面板中的路径缩览图。

③执行快捷键 Ctrl+Enter。

2. 选区转换为路径

建立选区后执行以下操作之一：

①单击"路径"面板下方的"从选区生成工作路径"按钮，在不打开"建立工作路径"对话框的情况下使用当前的容差设置。

②按住 Alt 键的同时单击"路径"面板下方的"从选区生成工作路径"按钮，弹出"建立工作路径"对话框，如图 5-27 所示。在对话框中设置容差值。容差取值范围为 0.5 ～ 10 像素，容差值越高生成的路径的锚点越少，路径也越平滑。

图 5-27　"建立工作路径"对话框

5.3.5　描边路径

描边路径执行以下操作：

1）设置前景颜色和画笔参数，然后在"路径"面板中选择路径。

2）单击"路径"面板下方的"用画笔描边路径"按钮。如果画笔的硬度低于 100%，可多次单击该按钮，每次单击都会增加描边的不透明度，使描边看起来更清楚。

5.3.6 填充路径

填充路径是指用前景色或图案来填充路径，具体操作如下：

1）设置前景颜色，然后在"路径"面板中选择路径。

2）单击"路径"面板下方的"用前景色填充路径"按钮，用前景色填充路径。

3）按住Alt键的同时单击"路径"面板下方的"用前景色填充路径"按钮，在弹出的"填充路径"对话框（见图5-28）中设置参数，然后填充路径。

图 5-28　"填充路径"对话框

【项目实施】——标志设计

小周是某广告公司设计部职员，刚刚接到两笔业务，一是为邂逅山水集团公司设计企业标志，二是为花样流年工作室制作网站站标。小周与两家客户建立联系，在充分了解企业文化和客户需求后开展设计工作。

工作任务 5.1　设计企业标志

【工作任务】

企业标志是承载着企业综合信息传递的媒介。在企业形象传递过程中，企业标志是应用最广泛、出现频率最高的元素，同时也是最关键的元素。本任务要求完成如图 5-29 所示的邂逅山水集团公司企业标志。

图 5-29　邂逅山水集团公司企业标志

【任务解析】

　　企业标志造型简单、意义明确，具有象征识别功能，是企业形象、特征、信誉和文化的浓缩。企业标志的设计通常以富于想象的图形或文字来象征企业的经营理念、经营内容，借用比喻或暗示的方法创造富于联想、包含寓意的艺术形象。本任务的重点是用明显的、感性的形象和线条来反映企业的内涵。完成本任务要熟练掌握使用 Photoshop 钢笔工具绘制曲线的方法和技能。

【任务实施】

　　1）新建名称为 RW0501.psd 的文档，大小为 1000×480 像素、分辨率为300 像素 / 英寸、方向为横向、背景色为白色、颜色模式为 RGB 颜色模式。

　　2）绘制太阳。

①在工具箱中选择"椭圆选框工具"，在画布中绘制如图 5-30 所示的正圆选区，正圆选区有一部分位于画布下方。

②在工具箱中选择 "矩形选框工具"，单击属性栏中的"与选区交叉"▣按钮，在正圆选区上部绘制矩形选区（高度稍大于圆的半径，宽度稍大于圆的直径），结果如图 5-31所示。

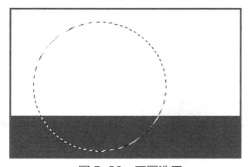

图 5-30　正圆选区

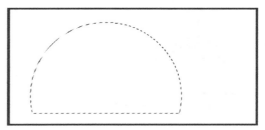

图 5-31　半个正圆选区

③新建一个图层"图层 1"，在工具箱中选择"渐变工具"。在选区中拖动填充如图 5-32所示的粉色（RGB 为 254、116、176）→黄色（RGB 为 254、231、208）线性渐变。按 Ctrl+D 组合键取消选区。

　　3）绘制山的轮廓。

①打开"路径"面板，单击"创建新路径"按钮▣，在工具箱中选择"钢笔工具"，在画布中绘制如图 5-33 所示的路径。

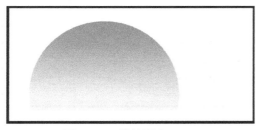

图 5-32　线性渐变

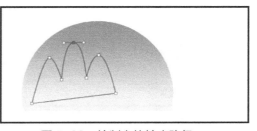

图 5-33　绘制山的轮廓路径

②在"路径"面板中单击"将路径作为选区载入"按钮 ⬚ 将路径作为选区载入，创建如图 5-34 所示的选区。

③新建一个图层，在工具箱中选择"油漆桶工具"，设置前景色为褐色（RGB 为 84、6、6），在选区中单击填充，结果如图 5-35 所示。

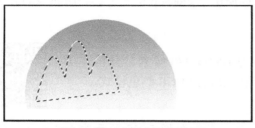

图 5-34　将路径转为选区

图 5-35　向选区填色

4）绘制代表水的轮廓。

①选择工具箱中的"钢笔工具"，绘制如图 5-36 所示的路径。重复上述操作，将路径转为选区新建图层并填充绿色（RGB 为 8、116、31），结果如图 5-37 所示。

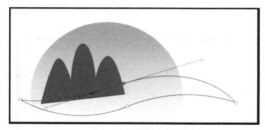

图 5-36　绘制水的轮廓路径

图 5-37　填充绿色

②在"图层"面板中选择当前图层，按住鼠标左键拖放到"创建新图层"按钮 ⬚，复制当前图层。按 Ctrl+T 组合键，在属性栏中设置 W: 40.00%　∞　H: 60.00% 变换比例宽 60%、高 40%。

③在工具箱选择"移动工具"，移动图形至画面右上方，更改颜色为粉红色（RGB 为 255、0、134），完成后如图 5-38 所示。

④重复上述操作，复制粉红色图形至新建图层，填充黄色（RGB 为 251、208、77），移动位置，结果如图 5-39 所示。

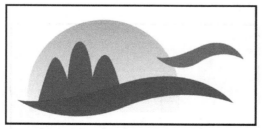

图 5-38　复制、缩放并改色后图形

图 5-39　填充黄色

⑤选择太阳图层（图层1），在工具箱中选择"多边形套索工具"，创建如图 5-40 所示的选区，按 Delete 键删除选区内容。完成如图 5-29 所示的企业标志。

图 5-40 建立选区

5）导出标志。在"图层"面板中隐藏背景图层。在菜单栏中选择"文件"→"导出"→"存储为 Web 所用格式"命令（快捷键为 Ctrl+Shift+Alt+S），弹出"存储为 Web 所用格式"对话框，如图 5-41 所示。选中"透明度"复选框，单击"存储"按钮，弹出如图 5-42 所示的"将优化结果存储为"对话框。选择存储位置，设置文件名为 RW0501.gif、格式为仅限图像，单击"保存"按钮，即可导出 GIF 格式透明背景的图片文档。

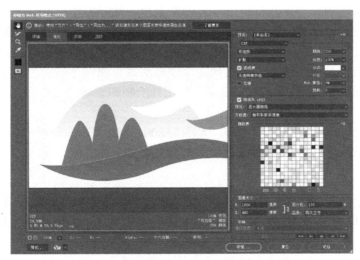

图 5-41 "存储为 Web 所用格式"对话框

图 5-42 "将优化结果存储为"对话框

工作任务 5.2 设计网站站标

【工作任务】

网站站标是经营者给自己的网站起的名称或标识。形象生动的站标可以让浏览者记住企业主体和品牌文化，具有对企业识别和推广的作用。本任务要求完成如图 5-43 所示的花样流年工作室网站站标。

图 5-43 花样流年工作室网站站标

【任务解析】

站标是一个网站的标志，通常位于主页的左上角。站标的作用类似于商品的商标和公司的徽标，起到树立企业形象、强化记忆等效果。站标通常由图形标志、网站名称和网址等内容构成。站标设计要遵循辨识性强、精美、独特等特点，图形和色彩与网站内容和整体风格相融。本任务的重点是使用形象绘图法和文字变形法来反映网站的内容、类型和经营特点。完成本任务要熟练掌握使用 Photoshop 自定形状工具绘制和编辑图形的方法和技能。

【任务实施】

1）新建名称为 RW0502.psd 的文档，大小为 800×150 像素、分辨率为 300 像素/英寸、方向为横向、背景色为白色、颜色模式为 RGB 颜色模式。

2）输入文字。

①在工具箱中选择"横排文字工具"，在属性栏中设置字体为方正粗倩简体、大小为 20 点、字间距 200、颜色为橙色（RGB 为 242、106、50）。在画布偏左下角位置输入文字"花样流年"，然后单击属性栏中的☑按钮。

②新建一个图层，在工具箱中选择"横排文字工具"，在属性栏中设置大小为 10 点。在画布右侧输入文字"工作室"，单击属性栏中的☑按钮，完成后如图 5-44 所示。

图 5-44 输入文字

③新建一个图层，在工具箱中选择"横排文字工具"，在属性栏中设置字体为 Matura MT Script Capitals、大小为 8 点。在画布中输入"www.hyliunian.com"，单击属性栏中的☑按钮，结果如图 5-45 所示。

图 5-45 输入网址

3）文字变形。

① 在"图层"面板中选择"花样流年"文字图层，右击，在弹出的快捷菜单中选择"栅格化图层"命令，栅格化文字图层。

② 在工具箱中选择"矩形选框工具"，创建如图 5-46 所示的选区，按 Delete 键删除选区中的图形，结果如图 5-47 所示。按 Ctrl+D 组合键取消选区。

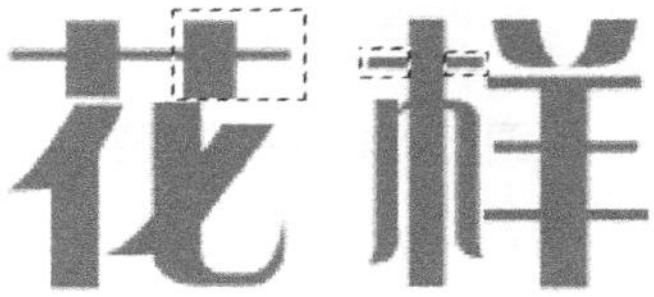

图 5-46　建立选区 1　　　　　图 5-47　删除选区中的图形

③ 在工具箱中选择"多边形套索工具"，重复上述操作，分别选择文字的某些区域并删除，结果如图 5-48 所示。

图 5-48　删除文字部分区域

④ 在工具箱中选择"矩形选框工具"，在"花"字上创建如图 5-49 所示的选区。在工具箱中选择"移动工具"，按 Alt+→组合键扩展选区内容。重复多次操作，形成如图 5-50 所示的结果。

图 5-49　建立选区 2　　　　　　　　图 5-50　扩展选区内容

⑤ 利用标尺和移动工具创建 4 条如图 5-51 所示的辅助线。

⑥ 在"路径"面板中新建路径，在工具箱中选择"钢笔工具"，绘制如图 5-52 所示的路径。单击"路径"面板中的"将路径作为选区载入"按钮将路径转为选区。

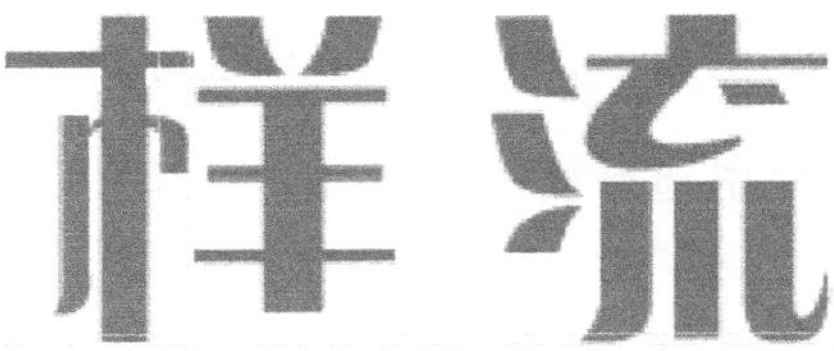

图 5-51　辅助线 　　　　　　　　图 5-52　绘制路径 1

⑦在工具箱中选择"油漆桶工具"向选区内填充橙色，结果如图 5-53 所示。

⑧重复上述操作，绘制如图 5-54 所示的路径并转为选区后填色，结果如图 5-55 所示。

图 5-53　填充橙色 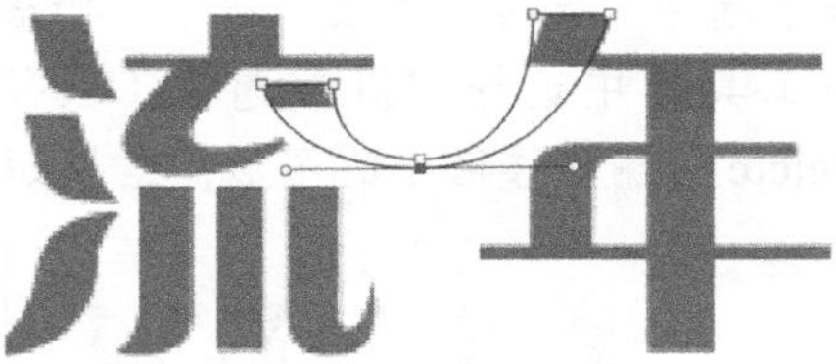　　　　　　　　　　图 5-54　绘制路径 2

图 5-55　文字变形后的效果。

4）使用"自定形状工具"绘制花朵和蝴蝶。

①选择工具箱中的"自定形状工具"，设置工具模式为像素，按属性栏形状 ➡ 右侧的下拉按钮打开自定义形状选择面板，单击右侧的 下拉按钮，在弹出的下拉列表中选择"全部"命令并在弹出的对话框中单击"追加"按钮，将系统自带的所有形状添加到拾色器中。

②在列表中选择"三叶草"形状（见图 5-56），设置前景色为黄色（RGB 为 228、157、31），新建一个图层，在"花"字右上角单击并拖动鼠标进行绘制，结果如图 5-57 所示。

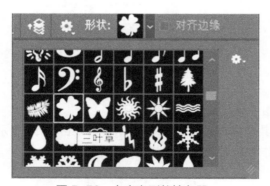

图 5-56　自定义形状拾色器

图 5-57　绘制三叶草

③重复上述操作，分别在自定义形状选择面板中选择蝴蝶、花 2、花 3 进行绘制，完成后的效果如图 5-58 所示。

④在"图层"面板中单击"添加图层样式"按钮，在弹出的"图层样式"对话框中为所绘制的蝴蝶和花添加"投影"和"外发光"效果，具体设置如图 5-59 和图 5-60 所示。

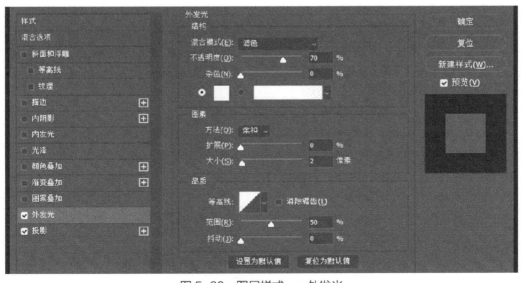

图 5-58　绘图结果

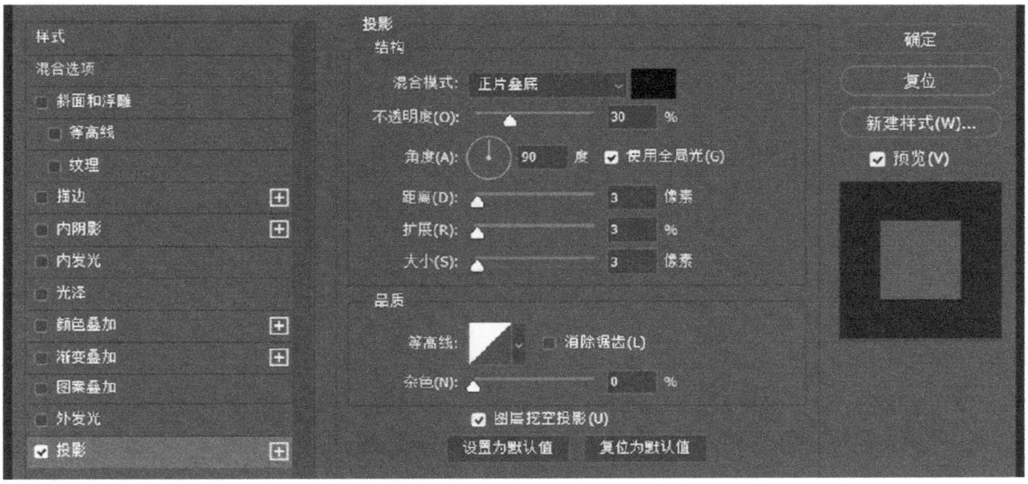

图 5-59　图层样式——投影

图 5-60　图层样式——外发光

⑤在菜单栏中选择"文件"→"置入嵌入对象"命令，置入 RW0502 素材 .jpg 素材，栅格化图层后使用"魔棒工具"选择背景并删除，调整至适当大小和位置。按住 Alt 键的同时拖动小花，复制多个小花并调整大小和位置，完成本任务的制作。

项目小结

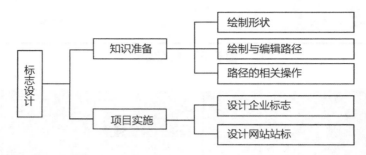

项目 5 中的主要快捷键如表 5-1 所示。

表 5-1　项目 5 中的主要快捷键

序号	操作命令	快捷键	序号	操作命令	快捷键
1	形状工具切换	Shift+U	3	扩展选区内容	（移动工具）Alt+ 方向键
2	新建图层	Shift+Ctrl+N			

能力巩固与提升

一、填空题

1）在 Photoshop 的 形 状 工 具 组 中 有_____、_____、_____、_____、_____ 和_____，执行快捷键_____可以切换选择形状工具。

2）路径是通过钢笔工具或形状工具绘制的直线或曲线，路径可以是_____，也可以是_____。

3）路径的基本要素包括_____、_____和_____。

4）在 Photoshop 中，钢笔工具组中有_____、_____、_____、_____ 和_____。

二、基本操作练习

1）熟练掌握形状工具组工具的基本操作和技巧。

2）熟练掌握路径的绘制与编辑。

3）熟练掌握"路径"面板的使用。

三、巩固训练

1. 描绘路径

素材　　　　　　　　　描绘路径　　　　　　　　　路径

2. 制作徽标

3. 制作网站站标

四、拓展训练

1. 交流与训练

1）分组交流讨论形状工具组、钢笔工具组和"路径"面板的操作与技巧，并总结至少两种技巧。

2）使用钢笔工具描绘复杂的图像，注意直线和曲线的转换练习。

2. 项目实训

项目名称：节日贺卡。

项目准备：熟练掌握本项目所讲的知识与技能，确定贺卡主题，收集和整理所需素材。

内容与要求：

1）结合节日特点，自定贺卡主题和风格。

2）贺卡设计美观、布局和颜色搭配合理，符合主题节日氛围。

3）以路径和自行绘制的图形为主，辅以 Photoshop 提供的形状图形展开设计。

项目6
APP 界面设计

❖ **项目描述**

在现代生活中人们已经离不开各种各样的 APP 了，我们利用 Photoshop 可以进行 APP 界面的设计与制作。本项目主要介绍 Photoshop 中常用的色调、色彩处理和调整的方法与技巧，并要求能利用这些知识来完成各类 APP 界面的设计与制作。

❖ **学习目标**

1）了解和熟悉 Photoshop 中调整色彩和色调的知识。

2）掌握图像色彩与色调调整的方法和技巧。

3）具有运用所学知识完成项目、工作任务、课后习题与操作训练的能力。

4）培养和树立高尚的职业道德和服务社会的意识。

【知识准备】——图像色彩和色调的调整

一件成功的平面设计作品，通常具备三个基本要素：色彩、轮廓和文字。只有将这三个基本要素巧妙地结合起来，才能使图像的整体构图合理并产生吸引力。当人们看到一幅画面时，色彩总是最先吸引人的注意力并给人留下深刻的视觉印象（然后是轮廓和文字），从而使人对整个图像形成认知。可见，色彩在三要素中是占首要位置的。

1）亮度：即图像的明暗度，亮度的调整就是明暗度的调整。

2）色相：就是色彩的颜色，调整色相就是在多种颜色中进行变化，它通常由颜色的名称来标识。例如，RGB 模式的图像由红色、绿色和蓝色组成。

3）对比度：代表颜色间的差异，对比度越大，两种颜色之间的反差也就越大，反之则颜色越相近。一幅图像对比度增加到最大，会使图像变得黑白分明，而当对比度减少时，图像的不同部分就趋于相同，到最后就会使整个图像都成为灰色。

4）饱和度：即图像颜色的强度和纯度，它表示纯色中灰色成分的相对比例，调整图像的饱和度就是调整图像颜色的强度和纯度。

5）色阶：色阶是表示图像亮度强弱的指数标准，也就是我们说的色彩指数，在数字图像处理中，指的是灰度分辨率（又称为灰度级分辨率或幅度分辨率）。图像的色彩丰满度和精细度是由色阶决定的。色阶表现了一幅图像的明暗关系。色阶指亮度，和颜色无关，但最亮的只有白色，最不亮的只有黑色。

6.1　认识"颜色"和"色板"面板

Photoshop 提供的"颜色"和"色板"面板主要用于设置颜色，通过这两个面板可以设置自己所需要的颜色。本节我们将介绍这两个面板。

6.1.1　"颜色"面板

"颜色"面板中可以显示当前文档的前景色和背景色，也可以编辑和调整前景色或背景色。

在菜单栏中选择"窗口"→"颜色"命令（快捷键为 F6），可以调出"颜色"面板，如图 6-1 所示。

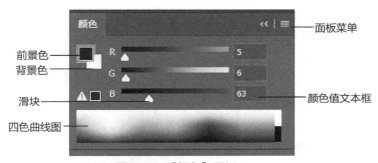

图 6-1　"颜色"面板

①前景色/背景色：显示当前文档的前（背）景颜色，单击相应的色块可以激活前（背）景色，处于激活状态的色块会有边框（图 6-1 中前景色处于激活状态），激活后在"颜色"面板中可以拖动滑块设置前（背）景色，也可以在四色曲线谱中设置前（背）景颜色。双击或单击当前色块可以打开拾色器对话设置前（背）景色。

②滑块：拖动滑块可以直接设置前（背）景色。

③四色曲线图：在相应的颜色位置单击可以设置前（背）景色。

④颜色值文本框：用于显示当前前（背）景色原色数值，如图 6-1 中是 RGB 色谱对应的 R、G、B 三种原色对应的数值，更改文本框中的数值也可以设置前（背）景色。

⑤面板菜单：单击可以打开面板菜单，如图 6-2 所示。在菜单中可以选择不同的颜色模式，不同的颜色模式对应不同的"颜色"面板。

图 6-2　面板菜单

> **提示**
>
> 在"颜色"面板的四色曲线图中，按住 Ctrl 键的同时单击可以快速设置前景色，按住 Alt 键的同时单击可以快速设置背景色，按住 Shift 键的同时单击可以切换更改四色曲线图的色谱。

6.1.2 "色板"面板

"色板"面板可以存储经常使用的颜色，可以在面板中添加或删除颜色，还能为不同的项目显示不同的颜色库。

在菜单栏中选择"窗口"→"色板"命令，可以调出"色板"面板，如图 6-3 所示。

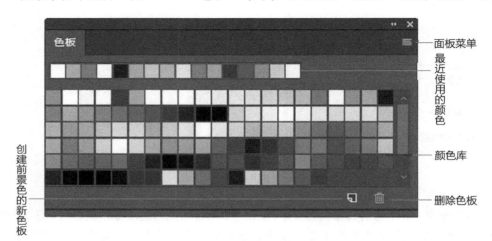

图 6-3 "色板"面板

①颜色库：在相应的颜色上单击可以直接设置前景色。

②创建前景色的新色板 ▣：单击可以使用前景色创建新色板。将鼠标指针移到面板底部的空白处，鼠标指针变成油漆桶图标后单击，可以创建前景色色板并弹出"色板名称"对话框，输入新颜色的名称并单击"确定"按钮。

③删除色板：将"色板"面板中的某种颜色拖到此按钮上即可将这种颜色删除。按住 Alt 键的同时将鼠标指针指向某种颜色时，鼠标指针变成剪刀状，此时单击也可删除颜色。

④面板菜单：单击可以打开面板菜单，在菜单中可以选择其他的颜色库。

6.1.3 使用吸管工具选取颜色

工具箱中的吸管工具可以直接在当前文档中选择相应的颜色作为前景色或背景色，具体操作如下：

1）工具箱中选择"吸管工具" ☀，其属性栏中的"取样大小"包括：取样点和 3×3 平均两个选项。"取样点"是读取单击像素的精确值；"3×3 平均"为读取单击区域内指定数量像素的平均值。

2）用吸管工具设置前景色，执行以下操作之一：

①在图像上单击即可选取单击处的颜色为前景色。

②单击并在窗口中拖动鼠标，前景色选择框会随着拖动不断变化，释放鼠标左键即可拾取新颜色为前景色。

3）用吸管工具设置背景色，执行以下操作之一：

①按住 Alt 键，在图像上单击即可选取单击处的颜色为背景色。

②按住 Alt 键，单击并在屏幕上拖动鼠标，背景色选择框会随着拖动不断变化，释放鼠标左键即可拾取新颜色为背景色。

6.2 快速调整图像的色彩和色调

在 Photoshop 中有许多可以快速调整色彩和色调的命令及工具，可以实现对图像色彩和色调的快速调整。

6.2.1 自动色调

自动色调主要用于调整图像的明暗度，是通过定义每个通道中最亮和最暗的像素作为白和黑，并按比例重新分配其间的像素值来调整图像的。具体操作如下：

1）打开要调整的图像。

2）在菜单栏中选"图像"→"自动色调"命令（快捷键为 Shift+Ctrl+L），即可使用"自动色调"命令调整图像。图 6-4 和图 6-5 所示分别是原始图像 1 和使用"自动色调"命令调整后的图像。

图 6-4 原始图像 1   图 6-5 应用"自动色调"命令

6.2.2 自动颜色

自动颜色是通过搜索图像来标识阴影、中间调和高光，从而调整图像的对比度和颜色的。在默认情况下，"自动颜色"使用 RGB 128 灰色这一目标颜色来中和中间调，并将阴影和高光像素剪切 0.5%。更改默认选项需要在"自动颜色校正选项"对话框中进行设置。具体操作为：

1）打开要调整的图像。

2）在菜单栏中选择"图像"→"自动颜色"命令即可应用"自动颜色"命令（快捷键为

Shift+Ctrl+B）调整图像，图 6-6 所示是图 6-4 应用了"自动颜色"命令后的效果。

6.2.3 自动对比度

自动对比度是剪切图像中的阴影和高光值，然后将图像剩余部分的最亮和最暗像素映射到纯白和纯黑，从而使高光部分看上去更亮，阴影部分看上去更暗，以此来增加图像的对比度。打开图像后在菜单栏中选择"图像"→"自动对比度"命令（快捷键为 Alt+Shift+Ctrl+L）即可应用"自动对比度"命令。

图 6-6 应用"自动颜色"命令

6.2.4 去色

使用 Photoshop 中的"去色"命令可以将图像中色相和饱和度降到最低，将彩色图像转换为灰度图像，但图像的颜色模式保持不变。打开图像后选择菜单栏中的"图像"→"调整"→"去色"命令（快捷键为 Shift+Ctrl+U）即可。

"去色"命令不能应用于灰度模式的黑白图像。

如果处理的是多图层图像，则"去色"命令仅应用于当前图层。

6.2.5 反相图像

Photoshop 中的"反相"命令可以反转图像或选区中的颜色。打开图像或创建选区后，在菜单栏中选择"图像"→"调整"→"反相"命令（快捷键为 Ctrl+I）即可。

6.2.6 黑白

Photoshop 中的"黑白"命令可以将彩色图像转为黑白效果或不同单色的效果图像，具体操作如下：

1）打开要调整的图像，在菜单栏中选择"图像"→"调整"→"黑白"命令（快捷键为 Alt+Shift+Ctrl+B），弹出黑白对话框，如图 6-7 所示。

① 预设：在其下拉列表中可以选择预先设定好的模式。

② 自动：根据图像的颜色值设置灰度混合，并使灰度值的分布最大化。

③ 颜色调整：对话框中包括红色、黄色、绿色、青色、蓝色和洋红 6 种颜色的调整，调整时只要拖动每种颜色的滑块或在文本框中

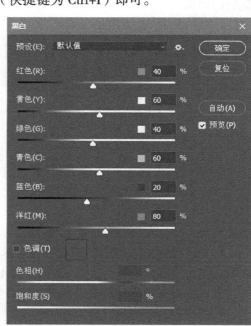

图 6-7 "黑白"对话框

输入具体的数值就可以调整该颜色了。

④色调: 选中此复选框后, 才可以使用下面的"色相"和"饱和度"选项来调整制作单色效果。

2）在对话框中单击"自动"和"确定"按钮退出对话框, 图 6-9 所示即是图 6-8 应用了"黑白"对话框中的"自动"选项后的效果。

图 6-8　原始图像 2

图 6-9　应用"黑白"命令调整后的效果

6.3　图像色彩色调的其他调整

除了 6.2 节中的图像色彩、色调快速调整工具, Photoshop 还提供了一些功能更细致和具体的图像调整命令, 本节我们将来学习这些工具的使用方法和技巧。

6.3.1　色阶

利用"色阶"命令可以调整图像的阴影、中间调和高光的强度级别, 从而校正图像的色调范围和色彩平衡, 具体操作如下:

1）打开要调整的图像, 在菜单选择"图像"→"调整"→"色阶"命令（快捷键为 Ctrl+L）, 弹出"色阶"对话框, 如图 6-10 所示。

①通道: 在其下拉列表中选择不同颜色通道来调整图像。

②输入色阶: 用于调整图像的色调对比度。在输入色阶中有 3 个滑块, 从左到右依次是阴影滑块、中间调滑块和高光滑块。使用时拖动滑块或直接输入数值就可以调整图像的色调, 滑块往右移动色调将变暗, 反之变亮。

③输出色阶: 用于调整图像的亮度, 左侧的黑色滑块用于调整图像最暗像素的亮度, 右侧的白色滑块用于调整图像最亮像素的亮度。使用时拖动滑块或直接输入数值即可调整。

④选项: 单击此按钮弹出"自动颜色校正选项"对话框, 如图 6-11 所示, 在对话框中可以设置阴影和高光所占的比例。

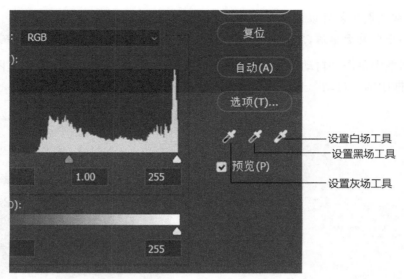

图 6-10　"色阶"对话框

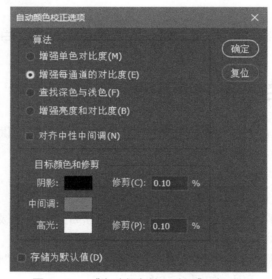

图 6-11　"自动颜色校正选项"对话框

⑤自动：单击此按钮可以根据"自动颜色校正选项"的设置来自动调整图像。

⑥设置黑场工具：单击选择设置黑场吸管工具后，在图像中单击取样，则取样点的像素颜色均变为黑色。

⑦设置灰场工具：单击选择设置灰场吸管工具后，在图像中单击取样，则取样点的像素颜色均变为灰色。

⑧设置白场工具：单击选择设置白场吸管工具后，在图像中单击取样，则取样点的像素颜色均变为白色。

2）在"输入色阶"中设置阴影、中间调和高光分别为 20、0.50 和 255 后，单击"确定"按钮退出对话框，图 6-12 和图 6-13 所示分别是调整前后的效果。

图 6-12　原始图像 3

图 6-13　使用"色阶"命令调整后的图像

6.3.2　曲线

Photoshop 中的"曲线"和"色阶"命令都可以调整图像的色调范围，但"曲线"可以调整图像的整个色调范围内的点（从阴影到高光），而"色阶"只有 3 个：白场系数、黑场系数、灰度系数三个可以调整。同时使用"曲线"命令也可以对图像中的个别颜色通道进行精确调整，具体操作如下：

1）打开要调整的图像素材 D06-04.jpg，在菜单中选择"图像"→"调整"→"曲线"命令（快捷键为 Ctrl+M），弹出"曲线"对话框，如图 6-14 所示。对话框中的曲线默认是一条 45°的斜线，通过调整这条线可以调整图像的色彩和色调。

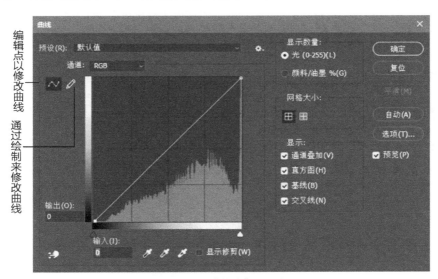

图 6-14　"曲线"对话框

①编辑点以修改曲线：使用此工具在曲线上单击可以增加控制点，拖动控制点可以改变曲线的形状，从而修改图像的色彩和色调。若将控制点拖离网格可以删除控制点。

②通过绘制来修改曲线：单击可以激活此工具，可以绘制任意曲线，从而调整图像的色彩色调。绘制后可以单击右侧的"平滑"按钮，使曲线平滑。当同时按住 Shift 键时可以绘制直线。

③"输入"和"输出"：调整曲线后，输入和输出会显示光标所在位置的数值，也可以

直接修改数值来调整曲线形状。

④🔧：单击激活此工具后，在图像上移动鼠标指针时，鼠标指针会变成吸管，在图像上找到要调整的色调并单击，然后向上、向下垂直拖动鼠标以调整曲线。

2）在"曲线"对话框中设置通道为 RGB、输出为 65、输入为 125，单击"确定"按钮退出对话框。图 6-15 所示为调整前的图像，图 6-16 所示为调整后的图像效果。

图 6-15　调整前的图像　　　　　　图 6-16　曲线调整后的图像

6.3.3　亮度 / 对比度

"亮度 / 对比度"命令用于调整图像的亮度和对比度，具体操作如下：在菜单栏中选择"图像"→"调整"→"亮度 / 对比度"命令，弹出"亮度 / 对比度"对话框，如图 6-17 所示。

图 6-17　"亮度 / 对比度"对话框

在对话框中拖动亮度滑块或对比度滑块可以改变图像的亮度和对比度，也可以在右侧的文本框中直接输入数值来改变亮度或对比度。

6.3.4　阈值

"阈值"命令可以将彩色或灰度图像转换为对比度较高的黑白图像，在菜单栏中选择"图像"→"调整"→"阈值"命令，弹出"阈值"对话框，如图 6-18 所示。

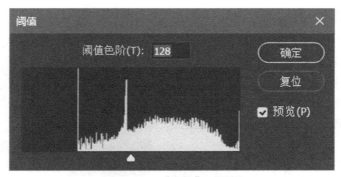

图 6-18　"阈值"对话框

在对话框中可以拖动滑块或直接输入"阈值色阶"的数值来实现黑白效果。数值越大黑色越多，数值越小白色越多。

6.3.5　色相／饱和度

"色相／饱和度"命令可以调整图像或图像中某个颜色的色相、饱和度和明度。在菜单栏中选择"图像"→"调整"→"色相／饱和度"命令，弹出"色相／饱和度"对话框，如图 6-19 所示。

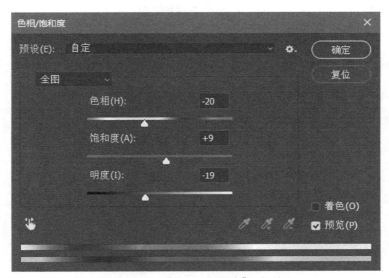

图 6-19　"色相／饱和度"对话框

①预设：系统预存的"色相／饱和度"预设，在下拉列表中可以选择相应的预设。单击后面的"预设选项"按钮可以载入、存储和删除预设。

②全图：在下拉列表中选择要调整的色彩范围，全图是对所有的色彩进行调整，除此之外还有红色、黄色、青色、绿色、蓝色、洋红的单色选项。

③![手形图标]：按图像选取点调整图像饱和度，按住 Ctrl 键可以改变色相。

6.3.6 自然饱和度

"自然饱和度"命令是调整饱和度以便在颜色接近最大饱和度时最大限度地减少修剪。该调整增加与已饱和的颜色相比不饱和的颜色的饱和度。"自然饱和度"还可防止肤色过度饱和。在菜单栏中选择"图像"→"调整"→"自然饱和度"命令，弹出"自然饱和度"对话框，如图 6-20 所示。

图 6-20 "自然饱和度"对话框

①自然饱和度：用于图像从灰色调到饱和度色调的调整，拖动滑块或输入数值即可调整图像色调的饱和度。

②饱和度：用于调整颜色的纯度，拖动滑块或输入数值即可调整。

6.3.7 色彩平衡

利用"色彩平衡"命令可以调整图像中所有颜色的混合，可以单独调整阴影、中间调和高光，从而调整图像的色彩和色调，改变图像的整体颜色。具体操作如下：

打开要调整的图像，在菜单栏中选择"图像"→"调整"→"色彩平衡"命令（快捷键为 Ctrl+B），弹出"色彩平衡"对话框，如图 6-21 所示。

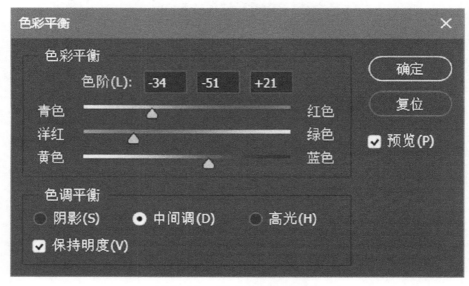

图 6-21 "色彩平衡"对话框

①色彩平衡：通过拖动相应的滑块或在对应的文本框中输入数值调整图像的色彩。

②色调平衡：用于选取图像中的阴影、中间调和高光进行调整。

③保持明度：选中此复选框，在调整色彩平衡时会保持图像亮度不变。

图 6-22 和图 6-23 所示分别是原始图像 4 和应用了图 6-21 色彩平衡参数调整后的效果。

图 6-22　原始图像 4

图 6-23　"色彩平衡"调整后的图像

6.3.8　替换颜色

"替换颜色"命令是通过色相、饱和度和明度来调整图像的，具体操作如下：

打开要调整的图像，在菜单栏中选择"图像"→"调整"→"替换颜色"命令（快捷键为 Ctrl+B），弹出"替换颜色"对话框，如图 6-24 所示。

图 6-24　"替换颜色"对话框

①吸管工具：用于在预览窗口或图像中选取颜色。

②颜色容差：拖动滑块可以设置选取的颜色范围。数值越大，选取的颜色范围也越大；数值越小，选取的颜色范围也越小。

③颜色：通过拖动滑块来调整选取的颜色，也可以单击后面的色块打开选择目标颜色对

话框选择颜色。

练一练

打开素材文件 D06-06.jpg，如图 6-25 所示，利用"替换颜色"命令做如下调整：

① 改变绿色的叶子的亮度和颜色，使叶子的颜色更明亮。

② 将花的颜色替换为其他颜色。

图 6-25　素材 D06-06.jpg

6.3.9　渐变映射

"渐变映射"命令可以将所引用的渐变样式映射到图像范围中。可以将相等的图像灰度范围映射到指定的渐变填充色。若指定双色渐变填充，图像中的阴影映射到渐变填充的一个端点颜色，高光映射到另一个端点颜色，则中间调映射到两个端点颜色之间的渐变。利用纯色到白色的渐变映射可以将彩色图像制作出单色的效果。在菜单栏中选择"图像"→"调整"→"渐变映射"命令，弹出"渐变映射"对话框，如图 6-26 所示。

图 6-26　"渐变映射"对话框

①灰度映射所用的渐变：单击渐变条右侧的下拉按钮，可以在弹出的下拉列表中选择系统预设的渐变类型。单击渐变色条可以弹出"渐变编辑器"对话框，可编辑渐变的颜色和透明度等，从而选择想要的渐变类型。

②渐变选项：有"仿色"和"反向"两个选项。"仿色"添加随机杂色以平滑渐变填充的外观并减少带宽效应。"反向"切换渐变填充的方向，从而反向渐变映射。

6.3.10　通道混合器

"通道混合器"命令，是通过调整每个颜色通道中所占的百分比，来实现创建高品质的灰度图像、棕褐色调图像或其他色调图像的目的。在菜单栏中选择"图像"→"调整"→"通道混合器"命令，弹出"通道混合器"对话框，如图 6-27 所示。

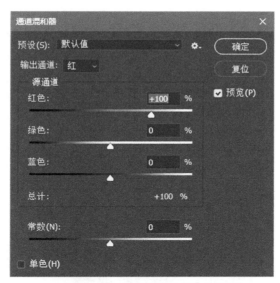

图 6-27　"通道混合器"对话框

①输出通道：在其下拉列表中选择调整的图像通道。

②源通道：不同的色彩模式出现的颜色通道也不一样，通过拖动滑块或输入数值可以调整每个颜色通道中所占的百分比。

③常数：用于调整输出通道的灰度值。对于 RGB 模式的图像来说，正值时增加更多的白色，负值时则增加更多的黑色。当该值为 −200% 时，则使输出通道成为全黑；为 +200% 时，则使输出通道成为全白。CMYK 模式图像则与之相反。

④单色：选中此复选框，可将彩色图像变为单色图像，但图像的亮度和颜色模式不变。

【项目实施】——APP 界面设计

邂逅山水集团因业务拓展需要，拟开发 APP 平台。领导将 APP 界面设计的任务布置给小陈，在充分搜集企业资料和业务特点后小陈开始设计工作。

工作任务 6.1　APP 界面顶部设计

【工作任务】

网络技术的发展，要求企业紧跟时代步伐，为客户提供方便快捷的用户体验。本任务要求完成如图 6-28 所示的邂逅山水集团 APP 界面顶部设计。

【任务解析】

APP 界面设计首先考虑尺寸问题，即屏幕分辨率、边距、栏目高度、间距等。目前，国内主流手机设备的分辨率为 1080 × 1920，所以设计图采用宽 1080 像素，高度拟定在一屏半以上，后续可根据内容继续延伸，在不同设备上进行等比例缩放。本任务的重点是界面尺寸的精确设置。完成本任务要熟练掌握 Photoshop 辅助工具的使用和色彩调整的方法与技巧。

图 6-28　APP 界面

【任务实施】

1. 顶部背景图像调整

1）打开如图 6-29 和图 6-30 所示的素材 RW0601 素材 1.jpg 和 RW0601 素材 2.jpg。通过观察发现素材 1 构图较好但颜色浅淡，素材 2 的构图差但色彩好，尤其是蓝天绿草更有生活气息，那我们就将素材 2 的色彩匹配到素材 1 上。

图 6-29　RW0601 素材 1

图 6-30　RW0601 素材 2

2）在 RW0601 素材 1.jpg 文件的"图层"面板中，将"背景"图层拖放到"新建"按钮上复制图层（保留原有图像方便对比和重做）。

3）在菜单栏中选择"图像"→"调整"→"匹配颜色"命令，打开"匹配颜色"对话框（图 6-31），设置明亮度为 170、颜色强度为 200、源为 RW0601 素材 2.jpg，单击"确定"按钮退出对话框，结果如图 6-32 所示。

图 6-31　"匹配颜色"对话框

图 6-32　匹配颜色后

4）在菜单栏中选择"文件"→"存储为"命令，命名为 RW0601.jpg，存储备用。

2. 新建 APP 界面设计文件并设置参考线

1）新建一个名称为 RW06APP 界面 .psd 的文档，大小为 1080×3400 像素、分辨率为 300 像素 / 英寸、方向为纵向、颜色模式为 RGB 颜色模式、背景为白色。

2）设置辅助线。

①在菜单栏中选择"视图"→"标尺"命令，显示标尺并设置标尺单位为百分比。按住鼠标左键，在左侧标尺上拉出一条辅助线，放置到位于上方标尺的 **50%** 处，如图 6-33 所示，用于标记界面中心点。

②在标尺上右击，在弹出的快捷菜单中选择"像素"命令，将标尺单位设置为像素。重复上述操作，如图 6-34 所示，分别在横向标尺 30 像素和 1050 像素的位置上拖放两条纵向辅助线，标记全局边距。在纵向标尺 250 像素和 570 像素的位置上拖放两条横向辅助线，标记顶部。

图 6-33　50% 位置的辅助线

图 6-34　文档顶部辅助线

> **提示**
>
> 　　全局边距是指页面内容到屏幕边缘的距离，APP 界面内容都应以此进行规范，实现页面整体视觉效果的统一。全局边距的设置可以更好地引导用户竖向向下阅读。

3）置入顶部背景图像。

在菜单栏中选择"文件"→"置入嵌入对象"命令，在弹出的对话框中选择 RW0601.jpg，图 6-35 所示为置入制作好的图像，并调整其位置至画布顶端。

4）设计顶部内容。

①新建一个图层，设置前景色为白色。在工具箱中选择"圆角矩形工具"，在属性栏中设置工具模式为像素、半径为 20 像素，在第一条横向辅助线上方绘制如图 6-36 所示的矩形，标记文本框的位置和样式。

图 6-35　置入顶部背景图像

图 6-36　绘制矩形标记文本框位置

②在工具箱中选择"横排文字工具"，在属性栏中设置字体为华文隶书、大小为 18 点、

颜色为红色（RGB 为 247、12、50），在第二条横向辅助线上面单击并输入文字"邂逅初心得计处　伊水鸥闲波碧"，在"字符"面板中设置行距为 24 点、字距为 25、加粗、倾斜，如图 6-37 所示，结果如图 6-38 所示。

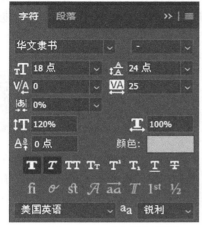

图 6-37　"字符"面板　　　　　　　图 6-38　输入并编辑文字后的效果

③新建一个图层，在工具箱中选择"圆角矩形工具"，在属性栏中设置工具模式为像素、半径为 30 像素、前景色为白色，自第二条横向辅助线起向下绘制矩形，标记页面主体内容开始，如图 6-39 所示。

图 6-39　绘制矩形

工作任务 6.2　APP 界面主体内容设计

【工作任务】

APP 页面主体内容承载企业文化和业务功能，本任务要求完成如图 6-28 所示的邂逅山水集团 APP 界面首页主体内容设计。

【任务解析】

APP 页面主体内容包括内容布局、版式、栏目和风格等方面的设计。合理的布局可以使

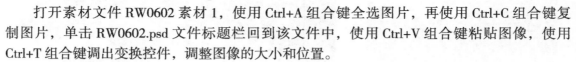

页面承载更多的信息并将内容展示得更加丰富多彩。统一的风格表现为页面元素具有相同的风格，包括造型规则、圆角大小、线框粗细、图形样式和个性细节等元素都具有统一的规范。页面风格贯穿于整个 APP 平台，给用户高度统一的视觉体验。版式设计是将版面的构成要素，如文字、图片、控件等根据特定的内容进行组合排列，通常版式设计遵循对齐、对称和分组的原则。本任务的重点是 APP 版面设计和图像的色彩与色调的调整。完成本任务要熟练掌握 Photoshop 色彩调整的方法和技巧。

【任务实施】

1. 图标设计

1）新建一个名称为 RW0602.psd 的文档，大小为 200×200 像素、分辨率为 300 像素/英寸、背景为透明、颜色模式为 RGB 颜色模式。

2）复制素材文件至 RW0602.psd 文件。

打开素材文件 RW0602 素材 1，使用 Ctrl+A 组合键全选图片，再使用 Ctrl+C 组合键复制图片，单击 RW0602.psd 文件标题栏回到该文件中，使用 Ctrl+V 组合键粘贴图像，使用 Ctrl+T 组合键调出变换控件，调整图像的大小和位置。

3）制作图标。

①在工具箱中选择"椭圆选框工具"，按住 Shift 键绘制如图 6-40 所示的正圆选区。

②在菜单栏中选择"选择"→"存储选区"命令，在弹出的"存储选区"对话框的"名称"文本框中输入 1，如图 6-41 所示，单击"确定"按钮退出对话框。

图 6-40　绘制正圆选区　　　　　　图 6-41　"存储选区"对话框

③使用 Ctrl+C 组合键复制选区内容，使用 Ctrl+V 组合键将选区内容粘贴到新的图层。

④单击 RW06APP 界面 .psd 文件标题栏回到该文件，使用 Ctrl+V 组合键将选区内容粘贴到该文件的图层，调整其位置，完成后如图 6-42 所示。

图 6-42　第一个小图标

4）制作其他 4 个图标。

①重复上述步骤 2），打开素材文件 RW0602 素材 2，并将图像复制到 RW0602.psd 文件的新图层中，调整图像的大小和位置。

②在菜单栏中选择"选择"→"载入选区"命令，弹出如图 6-43 所示的"载入选区"对话框，文档选择 RW0602.PSD 文档、通道选择 1，单击"确定"按钮退出对话框并载入刚刚存储的选区。

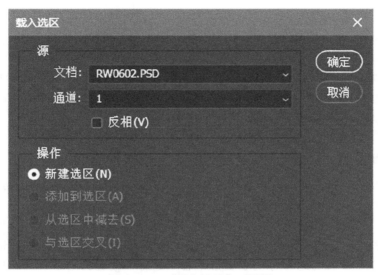

图 6-43　"载入选区"对话框

③重复上述步骤 3）的最后一步，将选区内容复制到 RW06APP 界面 .psd 文件的新图层中。

④重复上述步骤，分别制作其他小图标，复制到 RW06APP 界面 .psd 文件中，完成后的效果如图 6-44 所示。

图 6-44　5 个小图标

5）排列 5 个图标。在工具箱中选择"移动工具"，按住 Ctrl 键，在"图层"面板中依次单击 5 个图标所在的图层，选择 5 个图标图层，在属性栏中单击 ··· 按钮打开"对齐"面板（见图 6-45），单击"顶端对齐"按钮 和"水平居中分布"按钮 ，完成后的效果如图 6-46 所示。

图 6-45　"对齐"面板

图 6-46　对齐后的图标

排列图像时，对齐方式决定根据哪个图像为基准（如顶端对齐是以所有图像中的上面最顶边）对齐。平均分布时，横向以最左和最右图像为起始和结束，纵向以最上和最下图像为起始和结束。

6）导出 APP 素材。

①单击 RW0602.psd 文件标题栏回到该文件，隐藏非图标图层，部分"图层"面板如图 6-47 所示。

②在菜单栏中选择"文件"→"导出"→"将图层导出到文件"命令，弹出"将图层导出到文件"对话框（见图 6-48）。选中"仅限可见图层"复选框，设置文件类型为 JPEG、品质为 12，选择存储位置后单击"运行"按钮，则系统自动进行导出操作，完成后弹出导出成功提示（见图 6-49），单击"确定"按钮完成导出。导出的文件可以在文件夹中查看（见图 6-50）。

图 6-47　部分"图层"面板

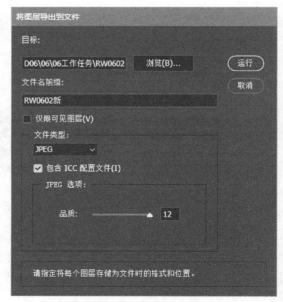

图 6-48　"将图层导出到文件"对话框

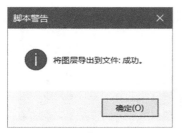

图 6-49 导出成功提示　　　　图 6-50 文件夹中的图层导出文件

> **提示**
>
> 　　界面设计定稿之后，设计师需要对设计图进行切片并提供给开发工程师，通常会将图标按上面操作单独存储提供给工程开发部门。

7）输入文字。切换到 RW06APP 界面 .psd 文件，在工具箱中选择"横排文字工具"，在属性栏中设置字体为微软雅黑、大小为 6、颜色为黑色，在图标下输入文字"夕阳""雕塑""古建""花海""夜色"，完成后的效果如图 6-51 所示。

图 6-51 输入文字

2. 斑斓四季栏目设计

1）输入文字。

在工具箱中选择"横排文字工具"，在属性栏中设置大小为 9，在图标文字下输入文字"斑斓四季 星辰大海 伴你邂逅美景"，完成后如图 6-51 所示。

2）"春色"色彩调整。

①新建一个名为 RW0603.psd 的文档，大小为 505×250 像素、分辨率为 300 像素 / 英寸、方向为横向、背景为白色、颜色模式为 RGB 颜色模式。

②在菜单栏中选择"文件"→"置入嵌入文件"命令，置入素材文件 RW0603 素材 1.jpg，在工具箱中选择"移动工具"，使用 Ctrl+ T 组合键调整图像大小和位置，完成后如图 6-52 所示。

③在菜单栏中选择"图像"→"调整"→"色彩平衡"命令，弹出"色彩平衡"对话框（见图 6-53），拖动滑块向绿色偏移 +60，单击"确定"按钮退出对话框，调整后的图像颜色如图 6-54 所示。

图 6-52　置入素材并调整大小和位置

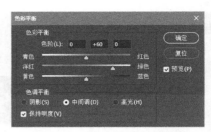

图 6-53　"色彩平衡"对话框

图 6-54　调整色彩平衡后

④使用 Ctrl+ A 组合键选择当前图层的图像，使用 Ctrl+C 组合键复制，单击 RW06APP 界面设计 .psd 文件标题回到该文件，使用 Ctrl+V 组合键粘贴图像，并使用"移动工具"移动位置。

3）"秋意"色彩调整。

①单击 RW0603.psd 文件标题回到该文件，置入素材文件 RW0603 素材 2.jpg，在工具箱中选择"移动工具"，使用 Ctrl+ T 组合键调整图像大小和位置，结果如图 6-55 所示。在"图层"面板中选择当前图层并拖动至"新建"按钮复制当前图层。

图 6-55　置入素材并调整大小和位置

②在菜单栏中选择"滤镜"→"模糊"→"高斯模糊"命令，弹出"高斯模糊"对话框（图 6-56），设置半径为 2 像素，单击"确定"按钮退出对话框，完成后的效果如图 6-57 所示。

③在菜单栏中选择"图像"→"调整"→"色彩平衡"命令，在"色彩平衡"对话框中拖动滑块向黄色偏移 −50（见图 6-58），单击"确定"按钮退出对话框。

④设置图层的混合模式，在"图层"面板中（见图 6-59）的图层混合模式下拉列表中选择"叠加"模式，完成后的效果如图 6-60 所示，将图像调整为了金黄色调。

图 6-56 "高斯模糊"对话框

图 6-57 高斯模糊后的效果

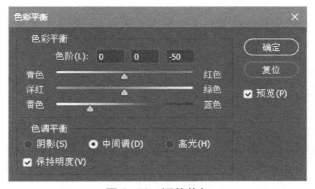

图 6-58 调整黄色

⑤合并当前图层和原图，重复步骤 2）的最后一步，将合成后的图层内容复制到
RW06APP 界面 .psd 文件中。

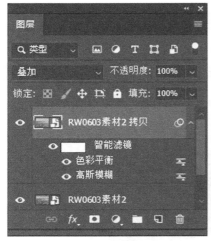

图 6-59 设置图层混合模式

图 6-60 调整色彩平衡和叠加后的效果

4）"冬雪"色调调整。

①置入素材文件 RW0603 素材 3.jpg"，并调整图像大小和位置，效果如图 6-61 所示。

图 6-61　导入 RW0603 素材 3

②在菜单栏中选择"图像"→"调整"→"曲线"命令，弹出"曲线"对话框，单击并拖动对话框中的调节曲线向左斜上方（见图 6-62），单击"确定"按钮退出对话框，完成后的效果如图 6-63 所示，图像整体色调被调亮。

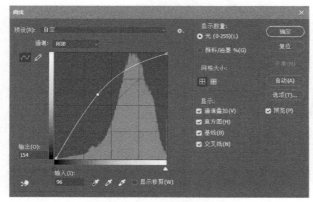

图 6-62　"曲线"对话框

图 6-63　调整曲线后的效果

5）"夏艳"色彩调整。

①置入将素材文件 RW0603 素材 4.jpg，并调整图像大小和位置，结果如图 6-64 所示。

图 6-64　置入 RW0603 素材 4

②在菜单栏中选择"图像"→"色相 / 饱和度"命令，弹出"色相 / 饱和度"对话框（见图 6-65），调整饱和度为 +45，单击"确定"按钮退出对话框，完成后的效果如图 6-66 所示，图像整体颜色鲜艳靓丽。

图 6-65　"色相 / 饱和度"对话框　　　　　　　图 6-66　调整饱和度后效果

6）完成斑斓四季栏目。

将上述制作完成的素材复制到 RW06APP 界面 .psd 文件中，将四季的图片两两参考线内对齐，如图 6-67 所示。

图 6-67　斑斓四季栏目效果

3. 推荐景点栏目设计

1）新建一个名为 RW0604.psd 的文档，大小为 1080×450 像素、分辨率为 300 像素 / 英寸、背景为白色、方向为横向、颜色模式为 RGB 颜色模式。设置标尺单位为像素，然后从左侧标尺拖出 4 条纵向辅助线，分别位于上方标尺的 30 像素、380 像素、700 像素、1050 像素处。

2）置入素材文件 RW0604 素材 1.jpg，将图像移动至画布左侧并栅格化图层。重复上述操作，置入素材 RW0604 素材 2.jpg，并移动至右下角，完成后如图 6-68 所示。

图 6-68　置入 RW0604 素材 1.jpg 和 RW0604 素材 2.jpg

3）建立圆角矩形区域。

①打开"路径"面板，单击"新建"按钮新建一个路径。在工具箱中选择"圆角矩形工具"，在属性栏中设置工具模式为路径、半径为 20 像素，沿辅助线绘制如图 6-69 所示的圆角矩形路径。

图 6-69　绘制圆角矩形路径

②在"路径"面板单击"将路径作为选区载入"按钮将路径转为选区。在菜单栏中选择"选择"→"存储选区"命令存储选区，名称为"01"。

③在"图层"面板中单击选择素材 1 图层，按 Ctrl+Shift+I 组合键反选，按 Delete 键删除外围图像，按 Ctrl+D 组合键取消选择。

④在工具箱中选择"矩形选框工具"，在属性栏中设置羽化为 0 像素，在第三条辅助线处绘制矩形选区，按 Delete 键删除选区内的图像，完成后的效果如图 6-70 所示。

图 6-70　删除后的效果

⑤新建一个图层，在菜单栏中选择"选择"→"载入选区"命令，载入刚刚存储的选区。在菜单栏中选择"编辑"→"描边"命令，弹出"描边"对话框（见图 6-71），设置

宽度为 3 像素、颜色为黄色（RGB 为 254、169、0）、位置为内部，然后单击"确定"按钮，完成后的效果如图 6-72 所示。

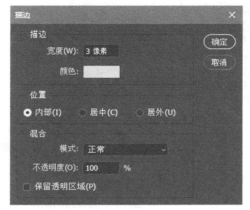

图 6-71　"描边"对话框

图 6-72　描边后的效果

4）调整长城图标的颜色。

①在"图层"面板中选择素材 2 所在图层，在菜单栏中选择"图像"→"调整"→"色相/饱和度"命令，弹出"色相/饱和度"对话框，设置色相为 40、饱和度为 +100、选中"着色"复选框，如图 6-73 所示，然后单击"确定"按钮，完成后的效果如图 6-74 所示。

图 6-73　"色相/饱和度"对话框

图 6-74　调整色相／饱和度后的效果

②菜单栏中选择"文件"→"存储为"命令，将文件命名为 060401.jpg 备用。

5）制作景点推荐栏目。

①在"图层"面板中分别单击图层前的 ◉ 图标将现有图层隐藏。

②重复上述步骤 2）～ 5），分别将素材 RW0604 素材 3.jpg 和素材 RW0604 素材 4.jpg 置入，并栅格化图层。使用工具箱中的"移动工具"摆放图像，载入选区并删除多余部分。新建一个图层并描边，颜色为红色（RGB 为 221、71、73）。

③选择素材 3 图层，在菜单栏中选择"图像"→"调整"→"色彩平衡"命令，弹出"色彩平衡"对话框如图 6-75 所示。将第一个调节滑块向右红色方向拖动 +60，然后单击"确定"按钮，完成后的效果如图 6-76 所示。

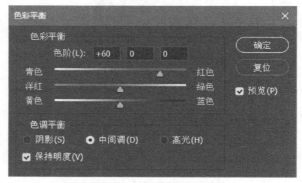

图 6-75　"色彩平衡"对话框

图 6-76　红色之旅结果

6）APP 界面效果。

①回到 RW06APP 界面 .psd 文件，在工具箱中选择"横排文字工具"，在属性栏中设置字体为微软雅黑、大小为 9 点，输入文字"推荐景点"。

②在菜单栏中选择"文件"→"置入嵌入文件"命令，将 RW06041.jpg 置入，并调整其位置。

③在工具箱中选择"横排文字工具"，在属性栏中设置大小为 6 点，在线框内空白处拖动绘制矩形文本框，输入文字"慕田峪长城……"，在"字符"面板中设置行距为 9 点、字距为 0 点，如图 6-77 所示，完成后的效果如图 6-78 所示。

图 6-77　"字符"面板

图 6-78　推荐景点栏目效果

④重复上述操作，制作红色之旅栏目，完成后的效果如图 6-79 所示。

图 6-79　红色之旅栏目效果

4. 页尾设计

1）制作图片小图标。新建一个名为 RW0605.psd 的文档，大小为 220×240 像素、分辨率为 300 像素 / 英寸、方向为纵向、颜色模式为 RGB 颜色模式、背景为白色。使用前面介绍的步骤和方法，导入素材，调整素材图片的大小和位置，最后将图层图像导出文件存盘备用。

2）绘制页尾背景。

①回到 **RW06APP** 界面 **.psd** 文件。新建一个图层，在工具箱中选择"矩形选框工具"，在页面底部绘制与画布等宽的矩形选区，并填充蓝色（RGB 为 133、182、222），如图 6-80 所示。按 **Ctrl+D** 组合键取消选择。

图 6-80　绘制与画面等宽的矩形选区并填充蓝色

②新建一个图层，在工具箱中选择"圆角矩形工具"，设置前景色为白色，在属性栏中设置工具模式为像素、半径为 30 像素，在页面底部绘制与画布等宽的圆角矩形，如图 6-81 所示。

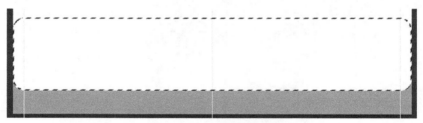

图 6-81　绘制圆角矩形

③新建一个图层，在工具箱中选择"圆角矩形工具"，设置前景色为灰色（RGB 为 235、229、229），在属性栏中设置工具模式为像素、半径为 20 像素，在页面底部边界参考线内绘制如图 6-82 所示的圆角矩形。

图 6-82　绘制灰色圆角矩形

3）分别置入上述步骤 5）①制作的图标，使用"对齐"面板对齐并排列。

4）输入文字，字体为微软雅黑、大小为 7 点，完成后的效果如图 6-83 所示，至此本任务完成。

图 6-83   页尾的完成效果

> **提示**
>
> 　　当界面设计定稿之后，设计师需要对界面进行标注。标注的内容有文字的字号大小、粗细、颜色、不透明度；界面的背景颜色、不透明度；各个图标、列表、文字之间的间距。
>
> 　　界面标注的作用是给开发工程师提供参考，因此在标注之前需要和开发工程师进行沟通，了解他们的工作方式，标注附加注意事项，以便更快捷、高效地完成工作，并且最大限度地完成设计视觉稿的效果。

项目小结

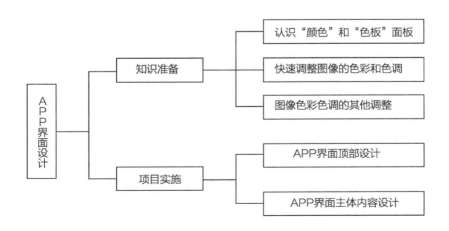

项目 6 中的主要快捷键如表 6-1 所示。

表6-1　项目 6 中的主要快捷键

序号	操作命令	快捷键	序号	操作命令	快捷键
1	"颜色"面板	F6	7	自动颜色	Shift+Ctrl+B
2	色彩平衡	Ctrl+B	8	自动对比度	Alt+Shift+Ctrl+L
3	反相	Ctrl+I	9	黑白	Alt+Shift+Ctrl+B
4	色阶	Ctrl+L	10	去色	Shift+Ctrl+U
5	曲线	Ctrl+M	11	自动色调	Shift+Ctrl+L
6	色相 / 饱和度	Ctrl+U			

能力巩固与提升

一、填空题

1）在"颜色"面板四色曲线图中，按_____键单击可以快速设置前景色，按_____键单击可以快速设置背景色，按_____键单击可以切换并更改四色曲线图的色谱。

2）工具箱中的"吸管工具"可以直接在当前文档中选择相应的颜色作为前景色或背景色。选择"吸管工具"后，直接在图像上单击即可选取单击处的颜色为_____；按住_____键，在图像上单击即可选取单击处的颜色为背景色。

3）Photoshop 中的"去色"命令可以将图像中_____和_____降到最低，将_____图像转换为_____图像，但图像的颜色模式_____。

4）Photoshop 的图像调整，除了可以使用菜单命令，还可以使用许多快捷键，如"去色"命令的快捷键是_____；"反相"命令的快捷键是_____；"自动色调"命令的快捷键是_____；"色阶"命令的快捷键是_____。

5）"替换颜色"命令是通过_____、_____和_____来调整图像的。

6）"色阶"命令可以调整图像的_____、_____和_____的强度级别，从而校正图像的色调范围和色彩平衡。

7）利用"色彩平衡"命令可以调整图像中所有的_____，可以单独调整_____、_____和_____，从而调整图像的色彩和色调，改变图像的整体颜色。

二、基本操作练习

1）熟练掌握"颜色"面板和"色板"面板的基本操作和技巧。

2）熟练掌握自动色调、自动颜色和自动对比度的基本操作。

3）熟练掌握去色、反相图像和黑白的基本操作。

4）熟练掌握色阶、曲线和阈值的基本操作技巧。

5）熟练掌握亮度 / 对比度、自然饱和度、替换颜色和渐变映射的操作。

三、巩固训练

1. 调整照片色调

素材

照片滤镜

色彩平衡

去色（黑白）

色彩平衡

色相（着色）

2. 制作变色花

素材

提炼主题色

色相

3. 制作玻璃字

曲线、滤色

4. 匹配颜色

素材 1   素材 2   结果

四、拓展训练

1. 交流与训练

1）分组交流讨论图像色彩、色调调整的技能和技巧，并总结各种工具的使用技巧。

2）搜集自己或同学的生活照，利用 Photoshop 对照片进行润色和调整，制作出时尚效果照片。

2. 项目实训

项目名称：商品宣传海报。

项目准备：熟练掌握本项目所讲的知识与技能，收集和整理电子产品或数码产品素材。

内容与要求：

1）以真实的数码公司或电子产品公司的产品为宣传产品，并对产品进行一定的市场调研和素材的搜集。

2）以方便手机用户传递和阅读的版式进行设计。

3）突出商品特征，使用 Photoshop 中的图像色彩色调等调整工具，制作出时尚炫酷的产品特效。

项目 7

海报设计

❖ **项目描述**

无论是实体商场还是线上平台，各种促销和推广活动都离不开海报，Photoshop 是设计与制作海报常用的工具。本项目主要介绍 Photoshop 图层的概念和基本操作，图层样式、混合模式和不透明度的运用和操作技巧。通过学习，学生应能够熟练掌握图层面板各项功能、操作方法和技巧，并能利用图层原理来完成各类海报的设计。

❖ **学习目标**

1）了解和熟悉 Photoshop 图层、"图层"面板和图层混合模式的基本知识。
2）掌握"图层"面板、图层样式和图层混合模式的操作方法和技巧。
3）具有运用所学知识完成项目、工作任务、课后习题与操作训练的能力。
4）培养和树立高尚的职业道德和服务社会的意识。

【知识准备】——图层的操作

7.1 图层的概念和基本操作

7.1.1 图层及图层原理

Photoshop 中的图层就像一层透明纸，每个图层中可以放置不同图像或内容且不受其他图层的影响。更改图层的不透明度以使内容透明，透过图层的透明区域看到下面的图层。在 Photoshop 进行图像处理时可以把不同的图像内容放在不同的图层中，不同图层的编辑操作互相不受影响，还可以通过更改图层的堆栈关系来实现不同的设计效果。

7.1.2 "图层"面板

多数关于图层的操作，如图层混合模式、新建图层和删除图层等操作均可以在"图层"面板中实现。在菜单栏中选择"窗口"→"图层"命令（快捷键为 F7），打开"图层"面板，如图 7-1 所示。

①图层面板菜单：单击可以打开图层面板的菜单，菜单中有图层编辑的操作命令。

②图层过滤：通过不同的方式和分类可以快速地在多图层的复杂文档中找到需要的图层。下拉列表中包括类型、名称、效果、模式、属性和颜色 6 种不同的搜索分类。最右侧的按钮是用于打开或关闭图层过滤的。

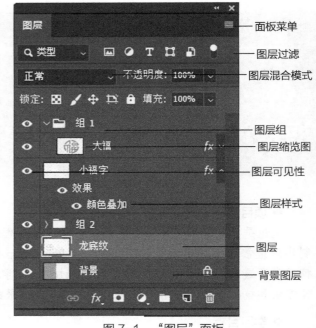

图 7-1　"图层"面板

a. 类型：图 7-1 即是选择了"类型"搜索图层，"类型"右侧的按钮从左到右依次是像素图层、调整图层、文字图层、形状图层和智能对象图层。

b. 名称：输入图层名称或名称中包含的文字来搜索图层。

c. 效果：通过图层应用的图层样式来搜索图层。

d. 模式：通过图层的混合模式来搜索图层。

e. 属性：通过图层的属性，如可见、锁定、空、链接、已剪切、混合和蒙版等属性来搜索图层。

f. 颜色：通过图层的颜色来搜索图层。

③图层混合模式：图层的混合模式用于设置当前图层像素与下一图层像素进行混合的模式。在其下拉列表中可以选择想要的混合模式，使用混合模式可以创建各种特殊效果。

④不透明度：用于设置当前图层整体的不透明度。图层的不透明度确定它遮蔽或显示其下方图层的程度，数值越大图层越不透明，对下一图层的遮蔽就越大。当不透明度为 1% 时，图层看起来几乎是透明的，而不透明度为 100% 的图层则显得完全不透明。

⑤锁定：有 5 个锁定按钮，从左到右依次是锁定透明像素、锁定图像像素、锁定位置、防止嵌套和全部锁定。

a. 锁定透明像素：锁定图层的透明区域，编辑范围限制只能针对图层的不透明部分。

b. 锁定图像像素：防止使用绘画工具修改图层的像素。可以移动和变换图层内的图像，但不能进行填充、调整或应用滤镜等其他操作。

c. 锁定位置：用于锁定图层的位置，防止图层的像素被移动。但可以进行其他编辑操作。

d. 防止嵌套：防止在画板和画框内外自动嵌套。

e. 全部锁定：用于锁定当前图层的全部编辑操作。

提示

　　对于文字和形状图层，"锁定透明度"和"锁定图像"选项在默认情况下处于选中状态，而且不能取消选择。

⑥填充：用于设置图层填充的不透明度。

⑦图层缩览图：图层图像缩略显示，单击图层面板菜单的"面板"选项，可以更改缩览图的设置，若关闭缩览图可以提高性能和节省显示器空间。

⑧图层可见性：用于设置图层在文档中的可见性，当有"眼睛"图标时表示图层为可见的，无"眼睛"图标时图层为隐藏不可见的。

⑨图层组：由多个图层组成的图层组。一般可以将相关的多个图层组成一个组，便于操作。单击组文件夹图标▢左侧的三角形可折叠或打开，当折叠时可以节省图层面板的空间。

⑩背景图层：文档的背景图层。

⑪"链接图层"按钮▣：用于链接选定的两个或多个图层或组。

⑫"添加图层样式"按钮▣：用于添加图层样式，在其下拉列表中选择图层样式。"图层"面板中已添加图层样式的图层的右侧也有图层样式折叠 / 打开按钮，用于折叠 / 展开显示图层样式，展开时会显示图层应用的样式名称。

⑬"添加图层蒙版"按钮▣：用于为选定图层添加图层蒙版。

⑭"创建新的填充或调整图层"按钮▣：用于为选定图层新建填充或调整图层。

⑮"新建图层"▣或"新建组"▣按钮：用于新建图层或组。

⑯"删除图层"按钮▣：单击可以删除选定的图层或组。

7.1.3　常见图层的类型

　　在 Photoshop 中，不同的图层可以承载不同的内容，同时操作和设计效果也不一样，如图 7-2 所示为图层中常见的类型。

　　1）背景图层：位于"图层"面板的最下面。一个文档图像只能有一个背景图层，且不能更改背景图层的堆栈顺序、混合模式或不透明度。只有背景图层转换为普通图层时才可以进行相应的编辑操作。

　　2）普通图层：在 Photoshop 中，大多数的图层是普通图层，在"图层"面板中单击"新建图层"按钮▣、复制和粘贴图像及在两个文档中拖动图层时，均可新建普通图层。

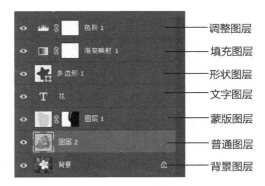

图 7-2　各类型图层

　　3）图层组：是多个图层的集合。移动图层组时，组内的图层也一起移动。它和计算机中的文件夹的功能类似，借助图层组可以方便用户组织和管理图层，也可以避免图层过多造成的混乱。

4）文字图层：指写有文字的图层。使用工具箱中的文字工具输入文字可创建文字图层，文字图层对文字有一种保护性作用，只有当文字图层转换为普通图层时，才可以进行编辑操作。

5）填充图层：利用填充图层可以在不改变原图层图像的基础上，叠加纯色、渐变或图案，且可以设置填充图层的不透明度和混合模式。

6）调整图层：利用调整图层，用户可以在不改变原图层图像的基础上，对图层进行色阶、曲线和亮度/对比度等的调整。

除了上述的图层种类外，在 Photoshop 中还有样式图层和蒙版图层。

7.1.4　新建图层

1）新建图层：

①执行以下操作之一即可新建图层。在菜单栏中选择"图像"→"新建"→"图层"命令（快捷键为 Shift+Ctrl+N），弹出"新建图层"对话框，如图 7-3 所示，设置图层名称、颜色、模式、不透明度等信息，然后单击"确定"按钮即可创建新的图层。

图 7-3　"新建图层"对话框

②单击"图层"面板右上方的面板菜单按钮，在弹出的菜单中选择"新建图层"命令也可以弹出"新建图层"对话框。

③在"图层"面板中单击面板底部的"新建图层"按钮，可以在当前图层的上面新建图层。

2）背景图层与普通图层的转换。

①将背景图层转换为普通图层：在"图层"面板中双击背景图层的名称"背景"，或在菜单栏中选择"图层"→"新建"→"图层背景"命令，在弹出的"图层"对话框中设置图层选项后，单击"确定"按钮则背景图层转换为普通图层。

②普通图层转换为背景图层：在"图层"面板中选择要转换为背景的图层，在菜单栏中选择"图层"→"新建"→"图层背景"命令。如果原图层中包括透明像素，则透明像素将被转换为背景色，并且该图层将放置到图层堆栈的底部。

7.1.5　选择与排列图层

1）选择图层：在"图层"面板中单击某一图层即可选择该图层，按住 Shift 键的同时单击可以选择包括两次单击图层在内的连续的多个图层，按住 Ctrl 键的同时单击可以选择多个不连续的图层。

2）排列图层顺序："图层"面板中图层的不同排列顺序会产生不同的图像效果，调整图层排列顺序时可以执行以下操作。

①在"图层"面板中选择想要移动的图层，单击并将图层拖放到新位置，释放鼠标左键，
　图层将移到新的位置。
②选择图层后，在菜单栏中选择"图层"→"排列"命令，在弹出的菜单中可以选择"置
　为顶层"（快捷键为 Shift+Ctrl+]）、"前移一层"（快捷键为 Ctrl+]）、"后移一层"（快
　捷键为 Ctrl+[）、"置为底层"（快捷键为 Shift+Ctrl+[）和"反向"命令排列选择的图层。

7.1.6　复制与删除图层

1）复制图层：选择要复制的图层后，执行以下操作之一即可复制图层。

①在"图层"面板中将图层拖动到"创建新图层"按钮 。
②在"图层"面板中单击右上角的菜单按钮，在弹出的菜单中选择"复制图层"或"复制组"
　命令。输入图层或组的名称，单击"确定"
　按钮。
③在菜单栏中选择"图层"→"复制图层"命令，
　弹出"复制图层"对话框，如图 7-4 所示，
　在对话框选择复制图层的目标位置即可。
　"目标"下拉列表中包括新建文档和当前
　被打开的所有文档，用以选择新图层的目
　标位置。

图 7-4　"复制图层"对话框

2）删除图层：选中图层后执行以下操作可以删除选中的图层。

①在菜单栏中选择"图层"→"删除"→"图层"命令，可以删除选中的图层。若删除
　隐藏图层，则需要选择"图层"→"删除"→"隐藏图层"命令。
②在"图层"面板中将图层拖动到"删除图层"按钮上，即可删除选中的图层。
③按键盘上的 Delete 键可以删除选中的图层。

7.1.7　显示和隐藏图层

显示、隐藏图层可执行以下操作之一：

①在"图层"面板中单击图层、组左侧的"图层可见性图标"，可以隐藏图层内容。再
　次单击则会重新显示图层内容。
②在"图层"面板中选中图层后，在菜单栏中选择"图层"→"显示图层（隐藏图层）"
　命令可以显示或隐藏图层。
③单击并在"图层可见性图标"列中拖动，可以改变"图层"面板中多个图层的可见性。

　　按住 Alt 键并单击一个图层对应的眼睛图标，则只显示该图层的内容，隐藏其他图
层；按住 Alt 键的同时再次单击同一眼睛图标，即可恢复原来各图层的可见性状态。

7.1.8 对齐与分布图层

利用对齐与分布图层命令，可以对多个图层的图像进行对齐和分布的操作，具体操作如下：

1）在"图层"面板中选择多个图层，执行"对齐"命令时最少要选择两个图层，执行"分布"命令时最少要选择 3 个图层。

2）在菜单栏中选择"图层"→"对齐"或"图层"→"分布"命令，并在级联菜单中选择对齐或分布的方式。或者选择工具箱中的"移动工具"，然后单击属性栏中的对齐与分布按钮。

3）各按钮或命令的含义如下。

①对齐。

a. 顶边对齐：将选定图层上的顶端像素与所有选定图层上最顶端的像素对齐，或与选区边框的顶边对齐。

b. 垂直居中对齐：将每个选定图层上的垂直中心像素与所有选定图层的垂直中心像素对齐，或与选区边界的垂直中心对齐。

c. 底边对齐：将选定图层上的底端像素与选定图层上最底端的像素对齐，或与选区边界的底边对齐。

d. 左边对齐：将选定图层上左端像素与最左端图层的左端像素对齐，或与选区边界的左边对齐。

e. 水平居中对齐：将选定图层上的水平中心像素与所有选定图层的水平中心像素对齐，或与选区边界的水平中心对齐。

f. 右边对齐：将选定图层上的右端像素与最右端图层的右端像素对齐，或与选区边界的右边对齐。

②分布。

a. 顶边：从每个图层的顶端像素开始，间隔均匀地分布图层。

b. 垂直居中：从每个图层的垂直中心像素开始，间隔均匀地分布图层。

c. 底边：从每个图层的底端像素开始，间隔均匀地分布图层。

d. 左边：从每个图层的左端像素开始，间隔均匀地分布图层。

e. 水平居中：从每个图层的水平中心开始，间隔均匀地分布图层。

f. 右边：从每个图层的右端像素开始，间隔均匀地分布图层。

7.1.9 链接图层

1）在"图层"面板中选择两个或两个以上的多个图层，单击"图层"面板中的"链接图层"按钮，可以链接选定的图层。

2）取消图层链接，执行以下操作之一即可。

①取消图层的链接：选择一个或多个链接的图层，然后单击"图层"面板底部的链接图标。

②临时停用链接：按住 Shift 键并单击链接图层右侧的链接图标，则图层的链接图标上会

出现一个红"×"，表示这些图层链接停用。按住 Shift 键再次单击图层右侧的链接
图标则可恢复停用的链接。

7.1.10　合并图层

合并后的图层中原图层的图像将不能单独编辑，所以合并图层操作一般是在最终确定图
层的内容后进行。

1. 合并图层的步骤

合并图层时，顶部图层上的数据替换它所覆盖的底部图层上的任何数据。在合并后的图
层中，所有透明区域的交叠部分都会保持透明。合并图层的具体操作如下：

①在"图层"面板中选择想要合并的多个图层。

②在菜单栏中选择"图层"→"合并图层"命令；或者在图层面板的菜单中选择"合并
　图层"命令。

当只选择一个图层时，"合并图层"命令显示为"向下合并"，将当前图层与下一图
层合并。

2. 合并所有可见图层

合并所有可见图层，会将"图层"面板中的所有可见图层（有眼睛图标的图层）合并。
操作时在菜单栏中选择"图层"→"合并所有可见图层"命令即可。

3. 盖印多个图层

图层合并后，原图层的各内容不能单独编辑，但除合并图层外，还可以盖印图层。盖印
图层是指将多个图层的内容合并为一个新的目标图层，同时使原有图层保持完好。操作时首
先选择多个图层，然后按 Ctrl+Alt+E 组合键即可。

　　不能将调整图层或填充图层用作合并的目标图层。

　　存储合并图层的文档后，将不能恢复到未合并时的状态；图层的合并是永久行为。

7.1.11　图层组的基本操作

对于多图层文档的处理，可将多个相关或有关联的图层组成一个图层组，这样可以便于
操作。

1）新建图层组：在"图层"面板中新建一个图层组，用于存放图层。执行以下操作可以
新建图层组。

①在"图层"面板中单击"新建组"按钮。

②在菜单栏中选择"图层"→"新建"→"组"命令。

③在图层面板菜单中选择"新建组"命令。

2）图层组的操作如下。

①图层移入和移出图层组：在"图层"面板中将图层拖入"图层组"名称处或拖入图层

组内的图层中，然后释放鼠标左键，可以将图层移入图层组。在"图层"面板中将图层组中的图层拖到组外的图层中或拖到当前组的上方，然后释放左键，可以将图层移出图层组。

②创建图层编组：创建图层编组可以在"图层"面板中将选中的图层放入新建的图层组中。具体操作为，在"图层"面板中选择图层后，在菜单栏中选择"图层"→"图层编组"命令（快捷键 Ctrl+G），即可创建一个包含选中图层的图层组。

③取消图层编组：在"图层"面板中选择图层组后，在菜单栏中选择"图层"→"取消图层编组"命令，或者在"图层"面板菜单中选择"取消图层编组"命令，可以取消图层编组。

7.2　图层的混合模式

7.2.1　混合选项

Photoshop 提供了图层或组的不透明度、填充和混合模式，通过这些操作可以达到多样式、多效果的图像制作。

通过更改不透明度可以设置它遮蔽或显示其下方图层的程度。不透明度越小越透明，对下方图层的遮蔽就越小，越大遮蔽就越大。不透明度为 1% 的图层看起来几乎是透明的，而不透明度为 100% 的图层则是完全不透明。背景图层的不透明度是不能更改的。在"图层"面板中选中要设置的图层，执行以下操作之一：

①在"图层"面板的"不透明度"文本框中输入数值，或拖动"不透明度"滑块修改。

②在菜单栏中选择"图层"→"图层样式"→"混合选项"命令，弹出"图层样式"对话框，如图 7-5 所示。在"不透明度"文本框中输入数值，或拖动"不透明度"滑块。在图 7-6 所示的图上面添加一图层并填充白色后设置白色图层的不透明度为 80%，效果如图 7-7 所示。当不透明度为 100% 时，下层图像被完全遮蔽，图像将不能显示出来。

图 7-5　"图层样式"对话框

图 7-6　素材 D07-01.jpg

图 7-7　图层的不透明度为 80%

7.2.2　混合模式

图层的混合模式是指上方图层和下方图层叠加时，其像素与下层像素进行混合的模式，不同的混合模式可以实现不同的效果。如图 7-8 和图 7-9 所示，分别是素材文件 D07-02.psd 两图层的正常模式和溶解（不透明度为 70%）模式的混合效果。设置图层混合模式的具体操作如下：

图 7-8　正常混合模式效果　　　　图 7-9　溶解混合模式效果

1）在"图层"面板中选中要设置的图层。

2）执行以下操作之一选择图层混合的模式。

①在"图层"面板中的"混合模式"下拉列表中选择。

②在菜单栏中选择"图层"→"图层样式"→"混合选项"命令，在弹出的"图层样式"对话框中选择一个样式。

基色：指图像中原有的颜色。图层混合时指两个图层中下面的图层的颜色。

混合色：指通过绘图或编辑工具应用的颜色，图层混合时指上面的图层的颜色。

结果色：指应用混合后得到的色彩。

各混合模式的含义如下。

- 正常：是默认模式，上下两个图层的像素没有混合效果。
- 溶解：上下两个图层的像素在混合时为溶解效果，结果色由基色或混合色的像素随机替换。溶解会根据不透明度产生点状喷雾式颗粒效果，不透明度越低，颗粒点越分散。
- 变暗：在混合时，选择基色或混合色中较暗的颜色作为结果色。替换比混合色亮的像素，而比混合色暗的像素保持不变。
- 正片叠底：此模式将基色与混合色进行混合，产生较暗的结果色。任何颜色与黑色正片叠底产生黑色。
- 颜色加深：此模式通过增加对比度使基色变暗以反映混合色。
- 线性加深：此模式通过减小亮度使基色变暗以反映混合色。当与白色混合时不产生变化。
- 深色：此模式通过比较混合色和基色的所有通道值的总和并显示值较小的颜色。此模式不会生成第三种颜色，是从基色和混合色中选取最小的通道值来创建结果色。

- 变亮：此模式选择基色或混合色中较亮的颜色作为结果色。比混合色暗的像素被替换，比混合色亮的像素保持不变。
- 滤色：此模式将混合色的互补色与基色进行正片叠底，产生较亮的结果色。用黑色过滤时颜色保持不变，用白色过滤时将产生白色。
- 颜色减淡：查看每个通道中的颜色信息，并通过减小对比度使基色变亮以反映混合色。与黑色混合则不发生变化。
- 线性减淡：此模式通过增加亮度使基色变亮以反映混合色。与黑色混合则不发生变化。
- 浅色：此模式通过比较混合色和基色的所有通道值的总和并显示值较大的颜色。此模式不会生成第三种颜色，是从基色和混合色中选取最大的通道值来创建结果色。
- 叠加：此模式图案或颜色在现有像素上叠加，同时保留基色的明暗对比。不替换基色，但基色与混合色相混以反映原色的亮度或暗度。
- 柔光：此模式效果与发散的聚光灯照在图像上相似。当混合色（光源）比 50% 灰色亮时，则图像变亮，就像被减淡了一样；当混合色（光源）比 50% 灰色暗时，则图像变暗，就像被加深了一样。
- 强光：此模式效果与耀眼的聚光灯照在图像上相似。当混合色（光源）比 50% 灰色亮时，则图像变亮，就像过滤后的效果。当混合色（光源）比 50% 灰色暗时，则图像变暗，就像正片叠底后的效果。
- 亮光：此模式是通过调整对比度来加深或减淡颜色。当混合色（光源）比 50% 灰色亮时，则通过减小对比度使图像变亮。当混合色比 50% 灰色暗时，则通过增加对比度使图像变暗。
- 线性光：此模式是通过调整亮度来加深或减淡颜色。当混合色（光源）比 50% 灰色亮时，则通过增加亮度使图像变亮。当混合色比 50% 灰色暗时，则通过减小亮度使图像变暗。
- 点光：此模式是根据混合色替换颜色。当混合色（光源）比 50% 灰色亮时，则替换比混合色暗的像素，比混合色亮的像素保持不变。当混合色比 50% 灰色暗时，则替换比混合色亮的像素，比混合色暗的像素保持不变。
- 实色混合：此模式将混合色的红色、绿色和蓝色通道值添加到基色的 RGB 值。当通道的结果总和大于或等于 255，则值为 255；当小于 255，则值为 0。系统会将所有像素更改为原色，即红色、绿色、蓝色、青色、黄色、洋红、白色或黑色。
- 差值：此模式在基色和混合色中，用颜色亮度值大的减去亮度值小的得到的差值为最后的像素值。与白色混合将反转基色值；与黑色混合则不产生变化。
- 排除：此模式将创建一种与"差值"模式相似，但比"差值"模式生成的对比度更低。也就是比"差值"模式获得的颜色更柔和。
- 色相：保持基色的亮度和饱和度，用混合色的色相进行着色创建结果色。此模式不用能用于灰度模式的图像。
- 饱和度：保持基色的亮度和色相不变，用混合色的饱和度着色创建结果色。
- 颜色：用基色的明亮度及混合色的色相和饱和度创建结果色。
- 明度：与"颜色"模式相反，用基色的色相和饱和度及混合色的明亮度创建结果色。

7.3 蒙版图层

蒙版是 Photoshop 一个用于图像处理编辑的特效工具,其特点是可以在不破坏原图像的基础上进行编辑,可以将图像部分变成透明或半透明效果,在 Photoshop 中有:图层蒙版、剪贴蒙版和矢量蒙版三种常见类型。

7.3.1 图层蒙版

图层蒙版是一个重要的复合技术,利用图层蒙版可以制作多张照片组合的艺术效果图像,此外,图层蒙版还可以用于局部的颜色和色调校正。单击"图层"面板上的"添加图层蒙版"按钮,就可以为当前图层添加图层蒙版,具体操作如下:

1)打开素材文件 D07-03.psd,文件中背景图层和图层 1 中的图像分别如图 7-10 和图 7-11 所示。

图 7-10　素材 D07-03.psd 的背景图层　　　　图 7-11　素材 D07-03.psd 的图层 1

2)确定"图层"面板中的图层 1 为当前图层,单击"添加图层蒙版"按钮 ,为图层 1 添加蒙版图层,"图层"面板如图 7-12 所示。

3)设置前景色为黑色、背景色为白色,用画笔工具在图像中涂抹,隐藏图层 1 中的部分图像,完成图像合成的效果,完成后的"图层"面板如图 7-13 所示,图像效果如图 7-14 所示。

4)删除或停用图层蒙版。在"图层"面板中的图层蒙版上右击,在弹出的快捷菜单中选择"删除图层蒙版"或"停用图层蒙版"命令可以删除或停用图层蒙版。

图 7-12　"图层"面板 1　　　图 7-13　修改蒙版图层后的　　图 7-14　图层蒙版合成图像效果
　　　　　　　　　　　　　　　　"图层"面板

7.3.2 剪贴蒙版

剪贴蒙版可以使用图层的内容来蒙盖它上面的图层。底部或基底图层的透明像素蒙盖它上面图层（属于剪贴蒙版）的内容。剪切蒙版是一组具有剪贴关系的图层，主要由基底图层和内容层两部分组成，内容层中显示的区域为基底图层中有像素的区域，其他区域则不显示。剪贴蒙版的具体操作如下：

1）打开素材文件 D07-04.psd，文件中"图层 0"中花形状以外的区域是透明的，"图层 1"是孔雀图像的无透明区域，"图层"面板如图 7-15 所示。

2）在"图层"面板中选择"图层 1"，在菜单栏中选择"图层"→"创建剪贴蒙版"命令（快捷键为 Alt+Ctrl+G），则创建了剪贴蒙版，完成后的"图层"面板如图 7-16 所示，图像效果如图 7-17 所示。

图 7-15　"图层"面板 2　　　　图 7-16　创建剪贴蒙版　　　　图 7-17　剪贴蒙版效果

3）取消剪贴蒙版。在"图层"面板中选择"图层 1"，然后在菜单栏中选择"图层"→"释放剪贴蒙版"命令（快捷键为 Alt+Ctrl+G）即可。

7.3.3 矢量蒙版

矢量蒙版的作用和其他蒙版是一样的，只不过矢量蒙版是应用矢量的图形或路径来实现的。矢量蒙版的具体操作如下：

1）打开素材文件 D07-05.jpg，如图 7-18 所示。

2）选择工具箱中的"自定形状工具"，在属性栏中设置工具模式为路径、形状为"会话 1"，如图 7-19 所示。

图 7-18　素材文件

图 7-19　"自定形状工具"的属性栏

3）在图中绘制路径，如图 7-20 所示。

4）在菜单栏中选择"图层"→"矢量蒙版"→"当前路径"命令，或按住 Ctrl 键的同时单击"图层"面板中的"添加图层蒙版"按钮，创建矢量蒙版，效果如图 7-21 所示，"图层"面板如图 7-22 所示。

图 7-20　绘制路径　　　　图 7-21　创建矢量蒙版　　　图 7-22　创建矢量蒙版的"图层"面板

7.4　图层样式

有了图层，在设计和处理图像时就可以把不同的部分分开设计和编辑。Photoshop 中提供了多种多样的图层样式供用户使用，通过这些图层样式可以达到多姿多彩的设计效果。为图层添加图层样式时，可以执行以下操作之一：

①在"图层"面板中选中要设置图层样式的图层，单击"图层"面板下方的"添加图层样式"
　按钮，并选择要添加的图层样式。
②在"图层"面板中，双击要添加样式的图层，在弹出的"图层样式"对话框中选择并
　设置图层样式。
③在"图层"面板中选中要设置的图层，在菜单栏中选择"图层"→"图层样式"命令
　并在下一级菜单中选择要添加的图层样式。

7.4.1　投影

图层的投影样式可以为图层中的图像添加投影效果（在图像后面添加），图 7-23 所示是添加投影样式后的图像效果，图 7-24 所示是"图层样式"对话框中的"投影"选项。

a)　　　　　　　　　　　　　　b)

图 7-23　添加投影样式效果前后的对比

a) 原图像　b) 投影效果的图像

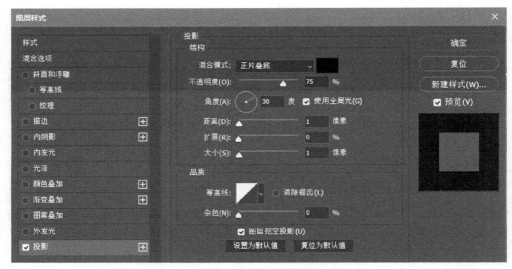

图 7-24 "投影"选项

对话框中各选项含义的说明如下。

①混合模式：用于设置投影的混合效果，默认是"正片叠底"，单击右侧的颜色块可以改变阴影的颜色。

②不透明度：拖动滑块或直接在后面的文本框中输入数值可以设置阴影的不透明度，数值越大颜色越深。

③角度：用于设置投影效果作用于图层时所采用的光照角度，可以拖动角度控制杆或直接输入数值来设置。

④使用全局光：选中此复选框，设置的光照角度应用于图层中所有的图层样式。

⑤距离：用于设置阴影效果的偏移距离，取值范围是 0 ～ 30000 像素之间的整数，数值越大距离图像越远。

⑥扩展：用于设置投影边缘的模糊效果，取值范围是 0% ～ 100%，数值越大效果越模糊。但当"大小"的值为 0 时，此选项将不起作用。

⑦大小：用于设置阴影模糊的范围，取值范围是 0 ～ 250 像素之间的整数，数值越大模糊的范围越大。

⑧等高线：用于设置投影效果在指定范围上的形状，单击等高线图标，可以在弹出的"等高线编辑器"对话框（见图 7-25）中编辑当前等高线。单击等高线图标右侧的下拉按钮，可以打开等高线预设管理器（见图 7-26），在管理器中可以选择、复位、删除或更改等高线的预览。

⑨消除锯齿：选中此复选框，可以平滑阴影的边缘像素，从而消除锯齿现象。

⑩杂色：用于增加发光或阴影的不透明度中随机元素的数量。

⑪图层挖空投影：用于控制半透明图层中投影的可见性，此选项当图层的填充不透明度小于 100% 时才会有效果。

图层各样式中有许多选项和参数是相同的，重复的选项在后面的样式中将不再赘述。

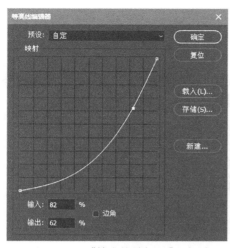

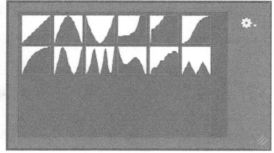

图 7-25　"等高线编辑器"对话框　　　　图 7-26　等高线预设管理器

7.4.2　内阴影

图层的内阴影样式可以在图层内容的边缘内添加阴影，使图层具有凹陷外观。图 7-27 所示是添加内阴影样式后的图像效果，图 7-28 所示是"图层样式"对话框中的"内阴影"选项。

a)　　　　　　　　　　　b)

图 7-27　添加内阴影样式效果前后的对比

a) 原图像　b) 内阴影效果的图像

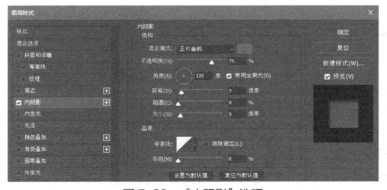

图 7-28　"内阴影"选项

阻塞：用于设置模糊之前收缩阴影的杂边边界。

7.4.3　外发光

图层的外发光样式是添加从图层内容的外边缘起的发光效果。图 7-29 所示是添加外发光样式后的图像效果，图 7-30 所示是"图层样式"对话框中的"外发光"选项。

图 7-29　添加外发光样式效果前后的对比

a) 原图像　b) 外发光效果的图像

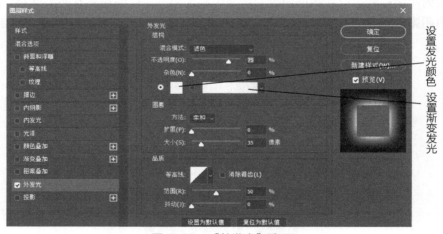

图 7-30　"外发光"选项

①方法：用于设置发光的效果，有"柔和"与"精确"两个选项。"柔和"根据图像整体轮廓发光；"精确"根据图像的细节来发光。

②设置发光颜色：单击可以设置单色发光的颜色。

③设置渐变发光：单击可以设置使用渐变来实现发光的效果。

④范围：控制发光中作为等高线目标的部分或范围。

⑤抖动：改变渐变的颜色和不透明度，用于设置随机发光中的渐变。

7.4.4　内发光

图层的内发光样式是添加从图层内容的内边缘发光的效果。图 7-31 所示是添加内发光样式后的图像效果，图 7-32 所示是"图层样式"对话框中的"内发光"选项。

图 7-31　添加内发光样式效果前后的对比

a) 原图像　b) 内发光效果的图像

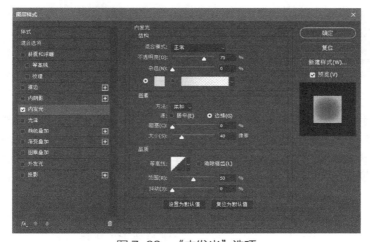

图 7-32　"内发光"选项

源：用于指定内发光的光源，有"居中"和"边缘"两个选项。"居中"是指从图像的中心发光，"边缘"是指从图像内部边缘发光。

7.4.5　斜面和浮雕

斜面和浮雕样式是对图层添加高光与阴影的各种组合，从而产生各种立体的斜面浮雕效果。图 7-33 所示是添加斜面和浮雕样式的图像效果，图 7-34 所示是"图层样式"对话框中的"斜面和浮雕"选项。

图 7-33　添加斜面和浮雕样式效果前后的对比

a) 原图像　b) 斜面和浮雕效果的图像

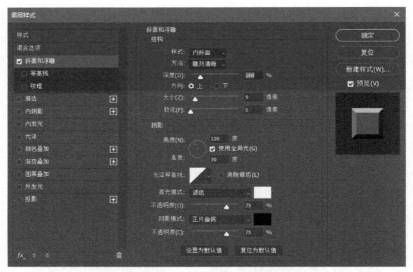

图 7-34　"斜面和浮雕"选项

①样式：用于设置斜面样式，有"内斜面""外斜面""浮雕效果""枕状浮雕"和"描边浮雕"5 个选项。其中，"内斜面"是在图层内容的内边缘上创建斜面；"外斜面"是在图层内容的外边缘上创建斜面；"浮雕效果"模拟使图层内容相对于下层图层呈浮雕状的效果；"枕状浮雕"模拟将图层内容的边缘压入下层图层中的效果；"描边浮雕"将浮雕限于应用于图层的描边效果的边界。

②方法：用于设置斜面和浮雕的边缘效果，有"平滑""雕刻清晰"和"雕刻柔和"3 个选项。其中，"平滑"模糊边缘效果比较柔和；"雕刻清晰"边缘效果明显，有较强的立体感；"雕刻柔和"介于"平滑"和"雕刻清晰"之间。图 7-33 是"雕刻清晰"效果，图 7-35 和图 7-36 所示分别是"平滑"和"雕刻柔和"效果。

图 7-35　平滑效果　　　　　　图 7-36　雕刻柔和效果

③深度：用于设置阴影的强度，取值范围是 1%～1000%，数值越大效果越明显。

④软化：用于设置斜面柔和度，取值范围是 1～16 之间的整数，数值越大边缘过渡越柔和。

7.4.6　光泽

光泽样式用于创建光滑光泽的内部阴影，使图像内部产生类似光源照射的光泽效果。图

7-37 所示是添加光泽样式的图像效果，图 7-38 是"图层样式"对话框中的"光泽"选项。

a) b)

图 7-37 添加光泽样式效果前后的对比

a）原图像 b）光泽效果的图像

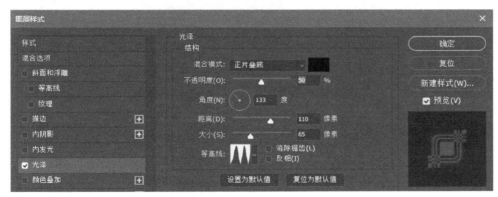

图 7-38 "光泽"选项

7.4.7 颜色叠加、渐变叠加和图案叠加

颜色叠加、渐变叠加和图案叠加分别可以为图层叠加一种颜色、渐变或图案效果，其中渐变和图案可以使用预设的样式也可以使用自定义的样式。图 7-39 所示是添加颜色叠加、渐变叠加和图案叠加的图像效果，图 7-40 ～图 7-42 分别是对应的选项对话框。

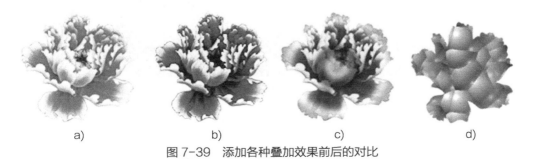

a) b) c) d)

图 7-39 添加各种叠加效果前后的对比

a）原图像 b）颜色叠加效果的图像 c）渐变叠加效果的图像 d）图案叠加效果的图像

图 7-40　"颜色叠加"选项

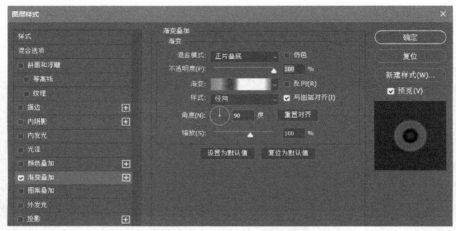

图 7-41　"渐变叠加"选项

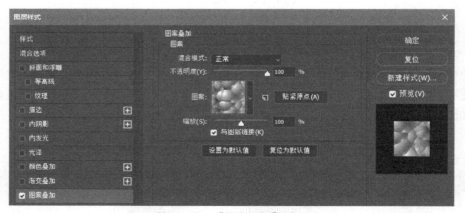

图 7-42　"图案叠加"选项

7.4.8　描边

　　描边样式是用颜色、渐变或图案作为当前图层中的对象的轮廓。图 7-43 所示是添加描边样式的图像效果，图 7-44 所示是"图层样式"对话框中的"描边"选项。

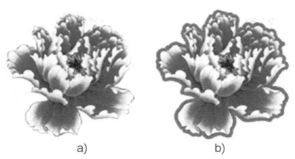

图 7-43　添加描边样式效果前后的对比

a）原图像　b）描边效果的图像

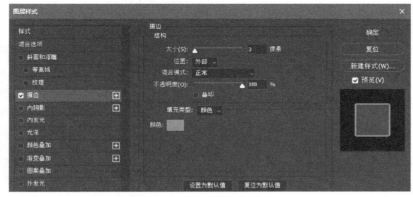

图 7-44　"描边"选项

位置：用于指定描边效果的位置，有"外部""内部"和"居中"3 个选项。

7.4.9　图层预设样式

选择"图层样式"对话框中左侧第一个选项"样式"，切换到"样式"选项，如图 7-45 所示。这里提供了一些设计好的样式，用户可以直接调用。应用时只需单击相应的样式按钮即可，图 7-47 所示是图 7-46 应用了图 7-45 中所选样式的效果。

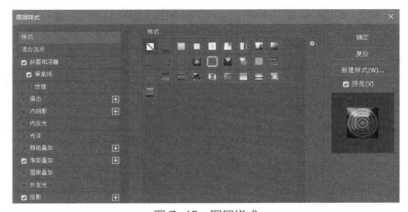

图 7-45　图层样式

图 7-46 原图

图 7-47 应用样式后的效果

7.4.10 图层样式的编辑

对已经建立的图层样式可以进行修改、复制和删除等编辑操作。

1. 修改已有的图层样式

对已经建立的图层样式进行修改，执行以下操作：

① 在"图层"面板中双击要修改的样式名称，如图 7-48 所示，双击"光泽"样式名称，弹出"图层样式 / 光泽"对话框。

② 在"图层样式"对话框中可以对光泽的参数及设置进行修改。

2. 复制图层样式

通过复制和粘贴图层样式可以使多个图层产生相同的效果，具体操作如下：

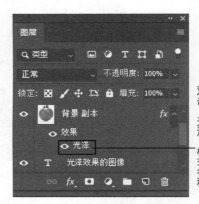

图 7-48 修改样式

① 在"图层"面板中，选择包含要复制的样式的图层。

② 在菜单栏中选择"图层"→"图层样式"→"拷贝图层样式"命令，或在"图层"面板中在图层样式上右击，在弹出的快捷菜单中选择"拷贝图层样式"命令，复制图层样式。

③ 在"图层"面板中选择目标图层，然后在菜单栏中选择"图层"→"图层样式"→"粘贴图层样式"，或在"图层"面板中在图层样式上右击，在弹出的快捷菜单中选择"粘贴图层样式"命令，即可将图层样式粘贴到目标图层上。

3. 缩放效果

缩放效果只是缩放图层样式的效果，不会改变图层中的图像，具体操作如下：

① 在"图层"面板中选择要缩放样式的图层。

② 在菜单栏中选择"图层"→"图层样式"→"缩放效果"命令，弹出"缩放图层效果"对话框，如图 7-49 所示。

③ 输入一个百分比或拖动滑块设置缩放比例，然后单击"确定"按钮应用缩放。图 7-50 所示是图 7-47 缩放 80% 后的效果。

图 7-49 "缩放图层效果"对话框　　　图 7-50 缩放图层效果

4. 隐藏 / 显示图层样式

使用"移动工具"在"图层"面板中选择相应的图层，执行以下操作之一：

①单击要隐藏的图层样式左侧的"可见性图标"。

②在菜单栏中选择"图层"→"图层样式"→"隐藏所有效果 / 显示所有效果"命令即可。

5. 删除图层样式

在"图层"面板中选择要删除的图层，执行以下操作之一：

①在"图层"面板中将要移除的样式名称拖动到"删除"按钮，然后释放鼠标左键，即可删除单一的图层样式，如图 7-51 所示，删除了图层 3 的"光泽"样式。

②在"图层"面板中，将"效果"栏拖动到"删除"按钮，可以删除当前图层中所有的图层样式，如图 7-52 所示，删除了图层 3 的所有图层样式。

③在菜单栏中选择"图层"→"图层样式"→"清除图层样式"命令，即可删除当前图层所有的图层样式。

图 7-51 删除单一图层样式　　　图 7-52 删除图层的所有图层样式

7.5　调整图层与填充图层

"调整图层"和"填充图层"可以在不改变图层图像原有像素的情况下对图像进行整体调整。普通图层的不透明度、混合模式、删除、隐藏和复制等操作也适用于"调整图层"和"填充图层"。默认情况下，在创建调整图层和填充图层后会自动生成一个图层蒙版。

7.5.1 创建调整图层

调整图层是将颜色和色调调整存储在调整图层中，并应用于它下面的所有图层，下面图层的像素不会被更改，而且可以随时扔掉调整图层而恢复原始图像。创建调整图层的具体操作如下：

1. 通过"调整"面板创建调整图层

1）在菜单栏中选择"窗口"→"调整"命令，打开"调整"面板，如图 7-53 所示。

2）在"调整"面板中有系统默认的 16 个调整图层类型，单击相应的按钮，可以打开相应的调整图层属性面板，图 7-54 所示为"自然饱和度"属性面板。

图 7-53　"调整"面板

图 7-54　"自然饱和度"属性面板

图 7-54 面板下方的按钮从左到右依次为调整影响下面所有图层 / 剪切到图层、上一调整状态、复位、可见性和删除。

①调整影响下面所有图层 / 剪切到图层：调整影响下面所有图层是指下面的所有图层均受调整影响；剪切到图层是指调整只影响下一图层，其他下面图层不受影响。

②上一调整状态：单击可以查看上一调整状态，用于比较当前结果和上一状态。

③复位：单击可将调整恢复到默认值。

④可见性：可以显示或隐藏调整图层效果。

⑤删除：用于删除调整。

2. 通过"图层"面板创建调整图层

单击"图层"面板底部的"创建新的填充或调整图层"按钮，然后选择调整图层的类型即可，如选择"自然饱和度"。

3. 通过菜单命令创建调整图层

在菜单栏中选择"图层"→"新建调整图层"命令，并在级联菜单中选择即可，如选择"自然饱和度"。

7.5.2 创建填充图层

填充图层是创建一个纯色、渐变或图案填充的图层，创建后会生成一个蒙版图层。填充图层也可以设置透明度和混合模式，它和调整图层一样不影响图像原来的像素，且也可以随时删除。如果选择的图层中有激活的路径，则生成图层矢量蒙版。创建填充图层可以执行以下操作之一：

① 单击"图层"面板底部的"创建新的填充或调整图层"按钮，然后选择填充图层的类型即可，如选择"渐变"。

② 在菜单栏中选择"图层"→"新建填充图层"命令，并在级联菜单中选择即可，如选择"渐变"。

【项目实施】——海报设计

林霖是某广告公司设计部职员，海报设计是她经常承接的业务。海报是一种信息传递艺术，是大众化的宣传工具。设计师要通过图形、文字、线条和色彩等要素，以恰当的形式向人们传达宣传信息。

工作任务 7.1　设计志愿者招募海报

【工作任务】

志愿者招募海报属于公益宣传海报。本任务要求完成如图 7-55 所示的海报制作。

【任务解析】

公益海报带有一定的思想性，志愿者招募具有特定的对公众的教育意义。海报设计时应注重突出主题，使人一目了然，本任务通过艳丽的色彩和醒目的主题文字构成具有视觉冲击力的画面，让受众的目光在第一时间被吸引，并获得瞬间的刺激和关注。本任务的重点是版面文字的设计与制作。完成本任务要熟练掌握 Photoshop 文字的编辑与排版、图层的基本操作和图层样式的设置。

【任务实施】

1）新建名称为 RW0701.psd 的文档，大小为 1240×1754 像素、分辨率为 300 像素/英寸、背景为白色、方向为纵向、颜色模式为 RGB 颜色模式。

2）置入背景素材，在菜单栏中选择"文件"→"置入嵌入对象"命令，置入素材文件 RW0701 素材1.jpg 到文档中。

3）制作"加入我们吧！"文字。

① 新建一个图层，设置前景色为白色。在工具箱中选择"横排文字工具"，在属性栏中设置字体为文鼎 CS 行楷，大小为 23 点，输入文字"加入我们吧！"。

② 打开"字符"面板，设置字距为 0，垂直缩放为 130%，具体如图 7-56 所示。

③ 使用 Ctrl+T 组合键，调出变换控件，在属性栏中设

图 7-55　志愿者招募海报

置旋转为 −15° 度。

④在"图层"面板中单击"添加图层样式"按钮**fx**，在弹出的菜单中选择"投影"样式，设置不透明度为 75%、角度为 124°、距离为 10 像素、扩展为 5%、大小为 24 像素，如图 7-57 所示，单击"确定"按钮退出对话框。

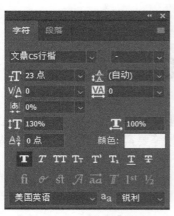

图 7-56　"字符"面板

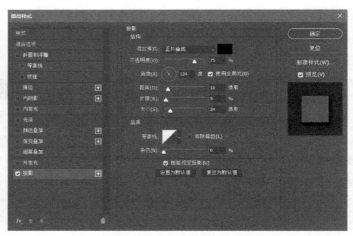

图 7-57　设置投影样式参数

4）制作横线。

①设置前景色为白色。在工具箱中选择"画笔工具"，打开"画笔设置"面板，在"画笔笔尖形状"选项卡设置笔头为粉笔、大小为 60 像素、角度为 14°、间距为 3%，具体如图 7-58 所示。

②选中"形状动态"复选框并设置控制为钢笔压力、最小直径为 44%、角度为 1%，具体如图 7-59 所示。选中"平滑"复选框。

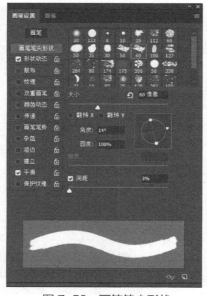

图 7-58　画笔笔尖形状

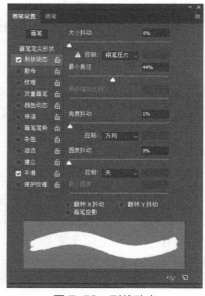

图 7-59　形状动态

③新建一个图层 "图层 1"，在文字下方绘制一条如图 7-60 所示的斜线。

④在"图层"面板中单击选择"图层 1"，设置填充为 90%，图层混合模式为溶解，具体如图 7-61 所示，完成后的效果如图 7-62 所示。

图 7-60　绘制斜线　　　　　图 7-61　"图层"面板　　　　　图 7-62　完成效果

5）"志愿者在行动"文字。

①新建一个图层，在工具箱中选择 "横排文字工具"，在属性栏中设置字体为方正超粗黑简体，大小为 36 点，输入文字"志愿者在行动"。

②在"字符"面板 1 中设置字距为 50、垂直缩放为 130%，具体如图 7-63 所示。

③添加图层样式，在"图层"面板中选择刚刚输入文字的图层，添加"斜面和浮雕"和"外发光"样式。在"斜面和浮雕"选项卡（图 7-64）中设置大小为 5 像素，在"外发光"选项卡（图 7-65）中设置不透明度为 48%、扩展为 8%、大小为 81 像素，完成后的效果如图 7-66 所示。

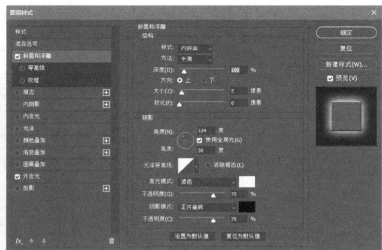

图 7-63　"字符"面板 1　　　　　　　　图 7-64　"斜面和浮雕"选项卡

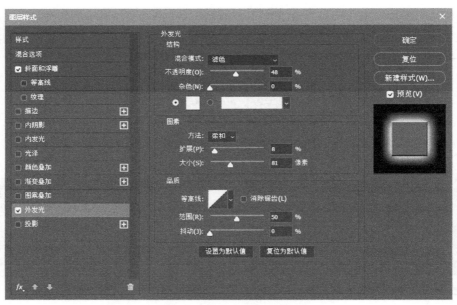

图 7-65 "外发光"选项卡

图 7-66 设置图层样式后的文字效果

6）制作"特征、宗旨、作用"等文字。

①重复上述操作，使用"横排文字工具"在画布中拖动绘
制矩形文本框并输入相应文字，设置字体为黑体、大小
为 11 点、字距为 100，"字符"面板 2 如图 7-67 所示。

②为文字添加"描边"图层样式。在"图层样式"对话
框中的"描边"选项卡（图 7-68）中设置大小为 3 像素、
颜色为黑色，完成后的文字效果如图 7-69 所示。

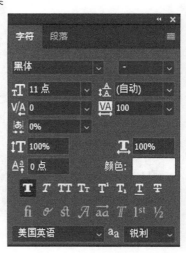

图 7-67 "字符"面板 2

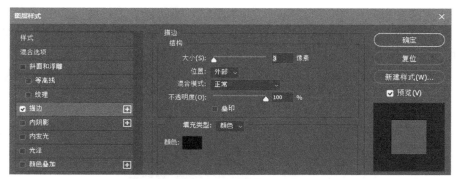

图 7-68　"描边"选项卡

图 7-69　描边后的文字效果

7）置入二维码图像，重复上述操作步骤 2）置入素材 RW0701 素材 2.jpg，调整其大小和位置。

8）绘制底部背景。

①工具箱中选择"钢笔工具"，在"路径"面板中新建一个路径，在画布中绘制如图 7-70 所示的路径。

②在"路径"面板中单击"将路径作为选区载入"按钮，将路径转换为选区。

③新建一个图层，在工具箱中选择 "油漆桶工具"，设置前景色为红色，在选区内单击填充红色。

④在"图层"面板中设置当前图层的不透明度为 **36%**，完成后的效果如图 7-71 所示。

图 7-70　绘制路径

图 7-71　调整不透明度后的效果

9）制作底部文字。

①使用"横排文字工具"在画布底部绘制一个文本框并输入如图 7-72 所示的文字。在"字符"面板中设置字体为黑体、大小为 9 点、字距为 50、颜色为红色（RGB 为 139、1、1）。

②在"图层"面板中为文字"志愿者是指……"添加"描边"样式，设置大小为 3 像素、颜色为白色，完成后的效果如图 7-72 所示。

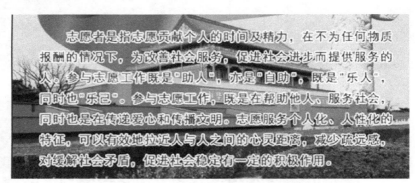

图 7-72　底部文字效果

工作任务 7.2　设计邂逅山水海报

【工作任务】

邂逅山水属于商业广告性海报，目的是宣传企业和推广网络平台。本任务要求完成如图 7-73 所示的商业海报。

【任务解析】

广告宣传是海报的主要功能和作用，以突出的标志、标题、图形，或对比强烈的色彩，或大面积的空白，或简练的视觉流程使海报成为视觉焦点。海报可以在媒体上刊登、播放，但大多数是张贴于人们易于见到的地方，让匆忙而过的受众留下视觉印象。本任务的重点是用简明扼要的文字和新颖独特的艺术风格展现主题。完成本任务要熟练掌握 Photoshop 图层的基本操作和图层蒙版的使用方法技巧。

【任务实施】

1）新建名称为 RW0702.psd 的文档，大小为 1080×1920 像素、分辨率为 300 像素/英寸、背景为白色、方向为纵向、颜色模式为 RGB 颜色模式。

2）设置背景。

图 7-73　邂逅山水海报

①新建一个图层"图层 1"，设置前景色为米黄色（RGB 为 248、224、187），在工具箱中选择"油漆桶"工具，在画布中单击向当前图层填入前景色。

②在"图层"面板中单击"添加图层样式"按钮 **fx.**，在弹出的菜单中选择"图案叠加"命令，在弹出的"图层样式"对话框中设置不透明度为 18%、

图案为嵌套方块、缩放为 **70%**，如图 7-74 所示，然后单击"确定"按钮退出对话框。

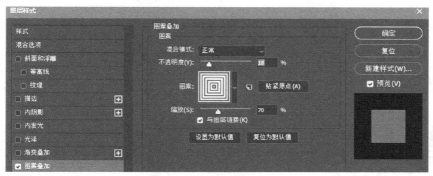

图 7-74　图案叠加样式

3）设计主体画面。

①置入背景素材 RW0702 素材 1.jpg，调整适当大小和
位置。

②新建一个图层，设置前景色为红褐色（**RGB** 为 84、6、
6），在工具箱中选择 "自定形状工具"，在属性
栏中设置工具模式为像素、形状为污渍 5，在画布
中上部绘制如图 7-75 所示的图形。

③在"图层"面板中为刚绘制的图形添加"投影"样式，
设置不透明度为 **60%**、距离为 16 像素、扩展为 2%、
大小为 30 像素，如图 7-76 所示，然后单击"确定"
按钮退出对话框。

图 7-75　绘制图形

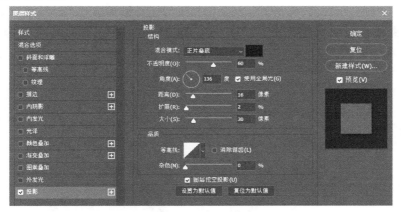

图 7-76　投影样式

④在工具箱中选择 "椭圆选框工具"，在属性栏中单击"添加到选区"按钮、设置羽
化为 0，在上面绘制的图形轮廓中多次绘制椭圆选区，得到如图 7-77 所示的选区，在
菜单栏中选择"选择"→"存储选区"命令，存储选区，名称为"01"。

⑤在"图层"面板中单击选择"素材 1"图层，单击"图层"面板下方的 按钮为当前
图层添加图层蒙版，完成后的效果如图 7-78 所示。

⑥设置前景色为灰色（RGB 为 140、137、137），在菜单栏中选择"选择"→"载入选区"命令，载入选区。在"图层"面板中选择刚刚添加的图层蒙版，在工具箱中选择"油漆桶工具"，在选区内单击填色，形成半透明效果，如图 7-79 所示。

图 7-77　绘制选区

图 7-78　添加图层蒙版

图 7-79　蒙版内的半透明效果

> **提示**
>
> 　　使用图层蒙版可以在不破坏原图像的基础上对原图进行遮挡或将其处理为透明或半透明的效果。图层蒙版内只能绘制黑至白 256 色，黑色是完全遮挡，白色是不遮挡，灰色是遮挡为半透明，灰色的深浅决定透明度，即灰色越浅透明度越高。

4）制作"邂逅山水"文字。

①在菜单栏中选择"文件"→"置入嵌入对象"命令，置入素材文件 RW0702 素材 2.jpg，在属性栏中设置缩放比例为原图的 30% `W: 30.00%　∞　H: 30.00%`。

②在工具箱中选择"魔棒工具"，单击文字建立文字选区。新建一个图层，设置前景色为红色（RGB 为 161、4、4），按 Alt+Delete 组合键用前景色填充选区。

③在工具箱中选择"矩形选框工具"，分别选择一个文字，按 Ctrl+X 组合键，然后再按 Ctrl+V 组合键，将文字分别粘贴到新的图层中（一个文字一个图层），拖动将文字摆放到适当的位置，如图 7-80 所示。

④在"图层"面板中同时选择 4 个文字的图层，合并 4 个文字所在的图层，然后为合并后的文字图层添加外发光样式（见图 7-82）和投影样式（见图 7-83），完成后的效果如图 7-81 所示。

图 7-80　摆放文字

图 7-81　设置文字样式

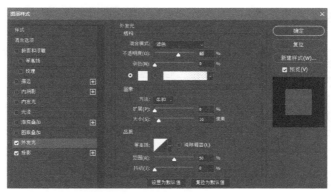

图 7-82　外发光样式

图 7-83　投影样式

5）制作面尾部分。

①置入素材 RW0702 素材 3.jpg，调整大小和位置。

②在工具箱中选择"横排文字工具"，在画布底部输入文字"xiehoushanshui.com"。设置字体为 Broadway、大小为 12 点、颜色为暗红色（RGB 为 84、6、6），完成海报的制作。

项目小结

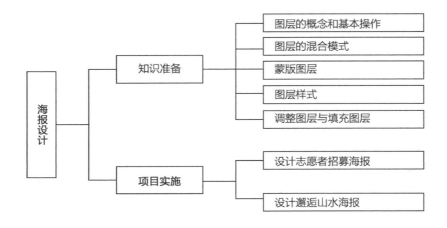

项目 7 中的主要快捷键如表 7-1 所示。

表 7-1　项目 7 中的主要快捷键

序号	操作命令	快捷键	序号	操作命令	快捷键
1	"图层"面板	F7	3	新建图层	Shift+Ctrl+N
2	创建剪切蒙版	Alt+Ctrl+G	4	释放剪贴蒙版	Alt+Ctrl+G

能力巩固与提升

一、填空题

1）"图层"面板中有 5 个锁定按钮选项，从左到右依次是_____、_____、_____、_____和_____。

2）"图层"面板中的"链接图层"按钮用于_____选定的_____或_____图层或组。

3）Photoshop中常见的图层类型有_____、_____、_____、_____和_____。

4）Photoshop中图层的对齐方式有_____、_____、_____、_____和_____。

5）Photoshop中图层的分布方式有_____、_____、_____、_____、_____、_____。

6）蒙版是 Photoshop 中一个用于图像处理编辑的特效工具，其特点是可以在不破坏原图像的基础上进行_____，可以将图像部分变成_____或_____效果。在 Photoshop 中有_____、_____和_____ 3 种常见类型。

二、基本操作练习

1）熟练掌握"图层"面板和图层菜单的基本操作和技巧。

2）熟练掌握图层混合模式的基本操作。

3）熟练掌握图层样式的基本操作。

4）熟练掌握调整和填充图层的基本操作。

三、巩固训练

1. 制作小鱼（图层蒙版）

素材 1

素材 2

素材 3

素材 4

结果

2. 制作水滴效果（图层样式）

素材 1

素材 2

结果

四、拓展训练

1. 交流与训练

1）分组交流讨论图层、图层混合模式和图层样式的操作技巧，并总结至少两种技巧。

2）搜集和整理商场、车站等地的广告，观察和探讨图像使用的特效和技术实现手段。

3）使用 Photoshop 仿制一幅喜欢的广告图。

2. 项目实训

项目名称：活动海报。

项目准备：熟练掌握本项目所讲的知识与技能，收集和整理所需素材。

内容与要求：

1）自定活动主题，最好是某商场、学校等单位的真实活动海报。

2）根据主题进行调研并搜集素材。

3）以图层蒙版、图层样式和图层混合模式技术为主，辅以其他知识和技能设计制作具有特色的活动宣传海报。

项目 8
网页效果图制作

❖ 项目描述

随着信息技术的发展，网络已经进入了人们的生活，网页是人们与网络沟通的重要介质，我们利用 Photoshop 可以进行网页效果图的设计制作。本项目主要学习 Photoshop 中的各种滤镜的应用方法与技巧，在 Photoshop 中提供了多种功能的滤镜，利用这些滤镜可以实现一些特殊的艺术效果。

❖ 学习目标

1）了解和熟悉 Photoshop 滤镜的基本知识。

2）了解滤镜库和常用滤镜的应用方法，掌握使用常用滤镜的方法和技巧。

3）具有运用所学知识完成项目、工作任务、课后习题与操作训练的能力。

4）培养和树立高尚的职业道德和服务社会的意识。

【知识准备】——滤镜

8.1 了解滤镜

8.1.1 认识滤镜

滤镜是 Photoshop 提供的一种制作图像效果的工具，通过使用滤镜，可以修饰照片，可以为图像添加艺术效果和扭曲、光照等一些独特的变换。在 Photoshop 软件的滤镜菜单中有 Adobe 提供的滤镜，此外设计人员还可以加载第三方提供的某些滤镜。若要使用滤镜，在"滤镜"菜单中选择相应的命令即可。

8.1.2 滤镜的使用注意事项

在 Photoshop 中若要使用滤镜，可以选择"滤镜"菜单中的相应滤镜命令，但在使用滤镜时要注意以下事项。

1）滤镜不能应用于位图模式或索引颜色的图像，且有些滤镜只对 RGB 图像起作用。

2）滤镜通常作用于选定的图层、选区或通道，若要使滤镜应用于整个图像，则不要选择图层或区域。

3）可以将所有滤镜应用于 8 位图像，但 16 位和 32 位图像会有部分滤镜不可以使用。

4）部分滤镜在应用时会占用很多内存，所以应用滤镜对计算机的要求会较高，如果可用于处理滤镜效果的内存不够，系统会有一条错误消息。

8.1.3　滤镜的常用技巧

1. 渐隐滤镜效果

渐隐是对应用滤镜的图像实现滤镜效果与原图像混合的特殊效果，具体操作如下：

①打开素材文件 D08-01.jpg，如图 8-1 所示。

②在菜单栏中选择"滤镜"→"风格化"→"油画"命令，在弹出的对话框中保留默认设置，单击"确定"按钮，效果如图 8-2 所示。

图 8-1　素材文件　　　　　　　　　图 8-2　油画滤镜效果

③在菜单栏中选择"编辑"→"渐隐油画"命令（快捷键为 Shift+Ctrl+F），弹出"渐隐"对话框，如图 8-3 所示。

④在对话框中设置不透明度为 50%、模式为正常，单击"确定"按钮退出对话框，完成后的效果如图 8-4 所示。

图 8-3　"渐隐"对话框　　　　　　　图 8-4　渐隐效果

2. 滤镜重复

Photoshop 在"滤镜"菜单会把刚刚应用的滤镜命令置顶，方便用户使用。也可以使用 Ctrl+F 组合键来重复刚刚使用过的滤镜。当按 Ctrl+Alt+F 组合键时，则会在重复滤镜的同时弹出滤镜设置对话框，调整参数设置。

8.2 使用滤镜库

滤镜库是多个滤镜组合在一起的组合面板，通过滤镜库可以实现：应用多个滤镜、打开或关闭滤镜的效果、复位滤镜的选项及更改应用滤镜顺序的操作，当对预览中的效果满意时，可以将它应用于图像。

8.2.1 滤镜库面板

打开图像后，在菜单栏中选择"滤镜"→"滤镜库"命令，弹出"滤镜库"对话框，如图 8-5 所示。

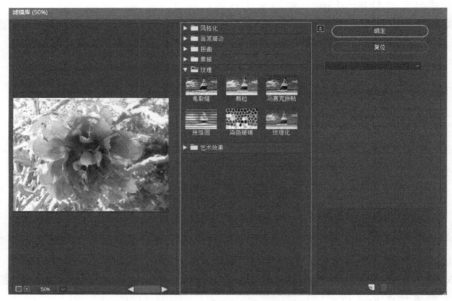

图 8-5　"滤镜库"对话框

对话框左侧为预览图像，可以随时预览滤镜应用的效果；中间区域是滤镜组列表，每个滤镜组中包含多个滤镜；右侧为参数设置和滤镜层控制区域。

8.2.2 风格化滤镜组

风格化滤镜组中只包括"照亮边缘"一个滤镜，图 8-7 所示是图 8-6 应用了照亮边缘滤镜的效果。

图 8-6　原始图像　　　图 8-7　照亮边缘滤镜的效果

8.2.3　画笔描边滤镜组

画笔描边滤镜组中包括成角的线条、墨水轮廓、喷溅、喷色描边、强化的边缘、深色线条、烟灰墨和阴影线 8 个滤镜，图 8-8 所示是画笔描边滤镜组中的滤镜效果（滤镜参数为系统默认）。

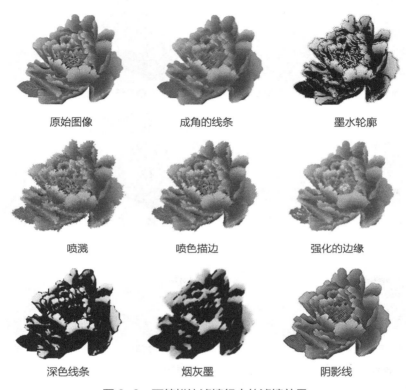

图 8-8　画笔描边滤镜组中的滤镜效果

8.2.4　扭曲滤镜组

扭曲滤镜组包括玻璃、海洋波纹和扩散亮光 3 个滤镜，图 8-9 所示是扭曲滤镜组中的滤镜效果（滤镜参数为系统默认）。

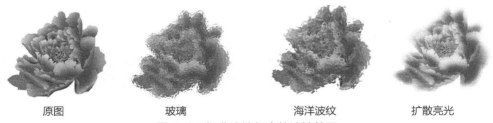

图 8-9　扭曲滤镜组中的滤镜效果

8.2.5　素描滤镜组

素描滤镜组包括半调图案、便条纸、粉笔和炭笔、铭黄渐变、绘图笔、基底凸现、石膏效果、水彩油画、撕边、炭笔、炭精笔、图章、网状、影印 14 个滤镜，图 8-10 所示是素材图像 D08-02.jpg 在前景色为红色、背景色为白色的条件下素描滤镜组中的滤镜效果（滤镜参数为系统默认）。

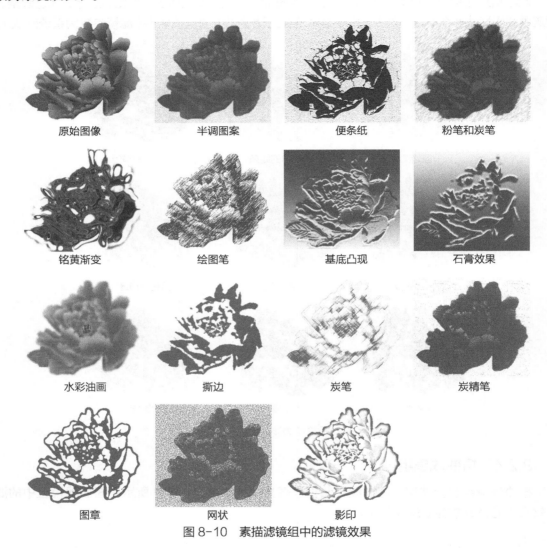

图 8-10　素描滤镜组中的滤镜效果

8.2.6　纹理滤镜组

纹理滤镜组包括龟裂缝、颗粒、马赛克拼贴、拼缀图、染色玻璃和纹理化 6 个滤镜，图 8-11 所示是素材图像 D08-03.jpg 在前景色为黑色、背景色为白色的条件下纹理滤镜组中的滤镜效果（滤镜参数为系统默认）。

8.2.7　艺术效果滤镜组

艺术效果滤镜组包括壁画、彩色铅笔、粗糙蜡笔、底纹效果、干画笔、海报边缘、海绵、绘画涂抹、胶片颗粒、木刻、霓虹灯光、水彩、塑料包装、调色刀和涂抹棒 15 个滤镜，图 8-12 所示是素材图像 D08-04.jpg 在前景色为黑色、背景色为白色的条件下艺术效果滤镜组中的滤镜效果（滤镜参数为系统默认）。

图 8-11　纹理滤镜组中的滤镜效果

图 8-12　艺术效果滤镜组中的滤镜效果

8.3 常用滤镜

在 Photoshop 中，除滤镜库外，系统还提供了很多常用的滤镜，本节将介绍常用的滤镜。

8.3.1 自适应广角滤镜

利用自适应广角滤镜可以对鱼眼、广角和超广角的图像进行校正，具体操作如下：

1）打开素材文件 D08-05.jpg，如图 8-13 所示。

2）在菜单栏中选择"滤镜"→"自适应广角"命令（快捷键为 Shift+Ctrl+A），弹出"自适应广角"对话框，如图 8-14 所示。

图 8-13　素材图像 1

图 8-14　"自适应广角"对话框

①校正：用于选择校正的类型，包括鱼眼、透视、自动和完整球面 4 个选项。

a. 鱼眼：校正由鱼眼镜头所引起的极度弯度。

b. 透视：校正由视角和相机倾斜角所引起的会聚线。

c. 自动：自动地检测并进行校正。

d. 完整球面：校正 360° 全景图，但图像的长宽比必须为 2∶1。

②缩放：用于设置缩放的比例值。

③焦距：用于指定镜头的焦距。

④裁剪因子：用于设置最终图像如何裁剪，此值与"缩放"一起使用可以补偿在应用此滤镜时产生的空白区域。

⑤原照设置：启用此选项以使用镜头配置文件中定义的值。如果没有找到镜头信息，则禁用此选项。

⑥约束 工具：单击图像或拖动端点沿直线校正图像。

⑦多边形约束 工具：创建多边形然后校正图像。

3）选择约束工具，在图像需要调整的位置单击拖动一条直线，调整端点位置、缩放比例和裁剪因子，如图 8-15 所示，单击"确定"按钮退出对话框完成图像校正。校正后的图像如图 8-16 所示。

图 8-15　调整图像

8-16　自适应广角调整后的图像

8.3.2　液化滤镜

液化滤镜是通过推、拉、旋转、反射、折叠和膨胀图像的任意区域来变化图像的。液化除了可以修饰图像还可以产生艺术效果。应用液化滤镜的操作如下：

1）打开素材文件 D08-06.jpg，如图 8-17 所示。

2）在菜单栏中选择"滤镜"→"液化"命令（快捷键为 Shift+Ctrl+X），弹出"液化"对话框，如图 8-18 所示。

图 8-17　素材图像 2

图 8-18　"液化"对话框

①向前变形工具 ：拖动时会沿着拖动方向推动像素形成涂抹效果。

②重建工具 ：用于恢复部分或全部的变形。

③褶皱工具 ：使像素向画笔中心区域收缩，产生挤压效果。

④膨胀工具 ：使像素向远离画笔中心的方向扩张，产生膨胀效果。

⑤左推工具 ：使像素垂直向绘制方向移动。如果向下拖动，像素会向右移动。

⑥顺时针旋转扭曲工具 ：在图像上单击按钮或拖动可顺时针旋转，按住 Alt 键则为逆时针旋转。

⑦冻结蒙版工具 ：可以绘制蒙版覆盖冻结图像区域，防止更改这些区域。

⑧解冻蒙版工具 ：用于解冻使用"冻结蒙版工具"冻结的图像区域。

⑨脸部工具 ：具有高级人脸识别功能，可自动识别眼睛、鼻子、嘴唇和其他面部特征，可以轻松地进行调整。

3）选择"脸部工具"，调整脸部工具选项中左、右眼的眼睛大小和眼睛高度均为100，具体如图 8-19 所示，然后单击"确定"按钮退出对话框，调整后的效果如图 8-20 所示。

图 8-19　眼睛选项设置

图 8-20　液化调整后的图像

8.3.3 风格化滤镜组

风格化滤镜组通过置换像素和查找并增加图像的对比度，在选区中生成绘画或印象派的效果。风格化滤镜组中的滤镜包括查找边缘、等高线、风、浮雕效果、扩散、拼贴、曝光过度、凸出和油画 9 个滤镜。以添加查找边缘滤镜为例的操作如下：

1）打开素材文件 D08-07.jpg，如图 8-21 所示。

2）在菜单栏中选择"滤镜"→"风格化"→"查找边缘"命令，应用查找边缘滤镜，效果如图 8-22 所示。

图 8-21 素材图像 3   图 8-22 查找边缘滤镜的效果

8.3.4 模糊滤镜组

模糊滤镜组可柔化选区或整个图像，使图像看起来更朦胧，从而起到修饰图像的作用。模糊滤镜组中的滤镜包括表面模糊、动感模糊、方框模糊、高斯模糊、进一步模糊、径向模糊、镜头模糊、模糊、平均、特殊模糊和形状模糊等滤镜。以添加径向模糊滤镜为例的操作如下：

1）打开素材文件 D08-08.jpg，如图 8-23 所示。

2）在工具箱中选择"磁性套索工具"，创建花的选区，如图 8-24 所示。

3）使用 Ctrl+Shift+I 组合键，创建反选选区，然后在菜单栏中选择"选择"→"修改"→"收缩"命令，在弹出的"收缩选区"对话框中设置收缩量为 5，收缩后的选区效果如图 8-25 所示。

4）在菜单中选择"滤镜"→"模糊"→"径向模糊"命令，弹出"径向模糊"对话框，如图 8-26 所示。

图 8-23 素材图像 4   图 8-24 创建花的选区

图 8-25　反选收缩后的选区

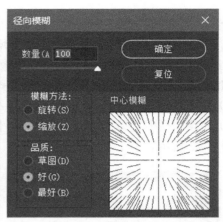

图 8-26　"径向模糊"对话框

①模糊方法：有旋转和缩放两个选项，旋转沿同心圆环线模糊，缩放沿径向线模糊。

②模糊的品质：有草图、好和最好 3 个选项。草图产生最快但为粒状的结果，好和最好产生比较平滑的结果。通过拖动"中心模糊"框中的图案可以指定模糊的原点。

5）"径向模糊"对话框的设置如图 8-26 所示，然后单击"确定"按钮。应用径向模糊滤镜后的图像效果如图 8-27 所示。

图 8-27　径向模糊滤镜的图像效果

8.3.5　模糊画廊滤镜组

模糊画廊滤镜组可以快速创建截然不同的照片模糊效果。模糊画廊滤镜组中的滤镜包括场景模糊、光圈模糊、倾斜偏移、路径模糊、旋转模糊。以添加光圈模糊滤镜为例的操作如下：

1）打开素材文件 D08-09.jpg，如图 8-28 所示。

2）在菜单栏中选择"滤镜"→"模糊画廊"→"光圈模糊"命令，切换到光圈模糊编辑状态，如图 8-29 所示。

图 8-28　素材图像 5

图 8-29　光圈模糊编辑状态

3）图像上有默认的光圈模糊图钉，拖动图钉可以改变光圈的大小和形状，在图像上单击还可增加模糊图钉。

4）拖动光圈模糊图钉，改变光圈的大小，具体如图 8-29 所示，然后在上面的属性栏中单击"确定"按钮。应用光圈模糊滤镜后的图像效果如图 8-30 所示。

8.3.6　扭曲滤镜组

扭曲滤镜组可以将图像进行几何扭曲，创建 3D 或其他变形效果。但需要注意的是，这些滤镜可能会占用大量内存。扭曲滤镜组中的滤镜包括波浪、波纹、极坐标、挤压、切变、球面化、水波、旋转扭曲和置换。以添加球面化滤镜为例的操作如下：

图 8-30　光圈模糊滤镜的图像效果

1）打开素材文件 D08-10.jpg，如图 8-31 所示。

2）在菜单栏中选择"滤镜"→"扭曲"→"球面化"命令，弹出"球面化"对话框，如图 8-32 所示。

①数量：用于设置变化的强度，取值范围为 −100% ～ 100%，负数会产生向内凹陷的效果，正值为向外突出的效果。

②模式：有正常、水平优先和垂直优先 3 个选项。正常，在水平和垂直方向一起产生变形；水平优先，在水平方向产生变形；垂直优先，在垂直方向产生变形。

3）在对话框中设置数量为 60%、模式为正常，然后单击"确定"按钮。应用球面化滤镜后的图像效果如图 8-33 所示。

图 8-31　素材图像 6

图 8-32　"球面化"对话框

图 8-33　球面化滤镜的图像效果

8.3.7　锐化滤镜组

锐化滤镜组通过增加相邻像素的对比度来使模糊的图像变清晰。锐化滤镜组中的滤镜包括USM锐化、防抖、进一步锐化、锐化、锐化边缘和智能锐化。以添加USM锐化滤镜为例的操作如下：

1）打开素材文件 D08-11.jpg，如图 8-34 所示。

2）在菜单栏中选择"滤镜"→"锐化"→"USM 锐化"命令，弹出"USM 锐化"对话框，如图 8-35 所示。

图 8-34　素材图像 7

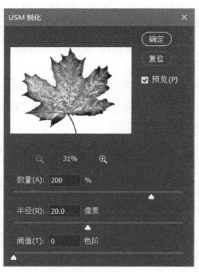

图 8-35　"USM 锐化"对话框

①数量：用于设置锐化的强度，取值范围是
　1% ～ 500%，数值越大越清晰。

②半径：用于设置锐化影响的范围，取值范围是
　0.1 ～ 255.0 像素，数值越大效果越直观。

③阈值：用于设置锐化的相邻像素间的差距值，取
　值范围是 0 ～ 255。

3）对话框设置如图8-35所示，然后单击"确定"按
钮，应用USM锐化滤镜后的图像效果如图8-36所示

图 8-36　USM 锐化滤镜的图像效果

8.3.8　像素化滤镜组

像素化滤镜组是通过将单元格中颜色值相近的像素结成块来变化图像。像素化滤镜组中
的滤镜包括彩块化、彩色半调、点状化、晶格化、马赛克、碎片和铜版雕刻。以添加马赛克
滤镜为例的操作如下：

1）打开素材文件 D08-12.jpg，如图 8-37 所示。

2）在菜单栏中选择"滤镜"→"像素化"→"马赛克"命令，弹出"马赛克"对话框，
如图 8-38 所示。

3）设置单元格大小为15，单击"确定"按钮。应用马赛克滤镜后的图像效果如图8-39
所示。

图 8-37　素材图像 8

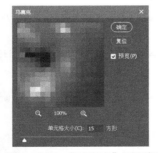

图 8-38　"马赛克"对话框

图 8-39　马赛克滤镜的图像效果

8.3.9　渲染滤镜组

渲染滤镜组可在图像中创建 3D 形状、云彩图案、折射图案和模拟的光反射效果。渲染
滤镜组中的滤镜包括火焰、图片框、树、分层云彩、光照效果、镜头光晕、纤维和云彩。以
添加镜头光晕滤镜为例的操作如下：

1）打开素材文件 D08-13.jpg，如图 8-40 所示。

2）在菜单栏中选择"滤镜"→"渲染"→"镜头光晕"命令，弹出"镜头光晕"对话框，
如图 8-41 所示。

3）在对话框中设置亮度为 80%，选择镜头类型为电影镜头，然后单击"确定"按钮。
应用镜头光晕滤镜后的图像效果如图 8-42 所示。

图 8-40　素材图像 9

图 8-42　镜头光晕滤镜的图像效果

图 8-41　"镜头光晕"对话框

8.3.10　杂色滤镜组

杂色滤镜组是通过添加或移去杂色或带有随机分布色阶的像素，来产生图像混合变化的。杂色滤镜组可创建与众不同的纹理或移去有问题的区域，如蒙尘和划痕。杂色滤镜组中的滤镜包括减少杂色、蒙尘与划痕、去斑、添加杂色和中间值。以添加蒙尘与划痕滤镜为例的操作如下：

1）打开素材文件 D08-14.jpg，如图 8-43 所示。

2）在菜单栏中选择"滤镜"→"杂色"→"蒙尘与划痕"命令，弹出"蒙尘与划痕"对话框，如图 8-44 所示。

3）设置半径为 8 像素、阈值为 60 色阶，然后单击"确定"按钮。应用蒙尘与划痕滤镜后的图像效果如图 8-45 所示。

图 8-43　素材图像 10

图 8-45　蒙尘与划痕滤镜的图像效果

图 8-44　"蒙尘与划痕"对话框

【项目实施】——网页界面设计

"花样流年工作室"是一家儿童摄影机构，因业务需要拟建设网站。小林负责网站前台设计工作。网站的内容和功能决定表现形式和界面设计，网页设计必须明确用户的需求，做出切实可行的设计方案。小林将根据企业自身特点和目标用户进行综合分析，有的放矢地设计界面。

工作任务 8.1　制作广告

【工作任务】

本任务要求完成如图 8-46 所示的网站主页广告图的设计与制作。

图 8-46　广告

【任务解析】

首页广告通常位于网页站标和导航栏下面，现在比较流行的是通栏广告位。用户进入网站首先看到的就是这个广告图，所以设计时要使用醒目且具有网站特色的图像和颜色来突出主题和特色。本任务的重点是画面构图和文字特效。完成本任务要熟练掌握 Photoshop 图层蒙版和滤镜的使用技巧。

【任务实施】

1）新建名称为 RW0801.psd 的文档，大小为 1440×700 像素、分辨率为 300 像素 / 英寸、背景为白色、方向为横向、颜色模式为 RGB 颜色模式。从左侧标尺拖出两条距左、右两侧边距均 120 像素的纵向辅助线，用来标记网页主体部分。

2）分别置入素材文件 RW0801 素材 1.jpg 和 RW0801 素材 2.jpg，调整至适当位置。将素材 2 栅格化后使用"磁性套索工具"抠图去掉背景，结果如图 8-47 所示。

3）使用图层蒙版制作照片特效。

①置入素材文件 RW0801 素材 3.jpg。在"图层"面板中单击"添加矢量蒙版"按钮▣，为素材 3 所在的图层添加图层蒙版。

②在"图层"面板中选择图层蒙版，然后在工具箱中选择"椭圆选框工具"，在属性栏中设置羽化为 30 像素，在人物上方位置绘制椭圆选区，如图 8-48 所示。

图 8-47　置入素材并抠图后的效果

图 8-48　建立椭圆选区

③设置前景色为黑色，使用工具箱中的"油漆桶工具"向选区填色。图层蒙版显示为 RW0801素材4 。结果如图 8-49 所示。

图 8-49　使用图层蒙版后的效果

> **提示**
>
> 　　使用图层矢量蒙版时，如果无法确定下面图层的内容或位置，可以调节当前图层的透明度至 50% 左右，在完成蒙版绘图后再改回原有透明度。

　　4）新建一个图层，在工具箱中选择"横排文字工具"，在属性栏中设置字体为方正粗宋简体、大小为 14 点、颜色为红色（RGB 为 192、16、33），输入文字"精品套系"。为当前图层添加斜面和浮雕（图 8-50）、描边（图 8-51）和投影（图 8-52）样式，完成后的效果如图 8-53 所示。

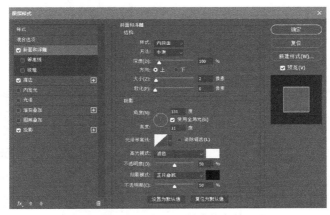

图 8-50　斜面和浮雕样式的参数设置

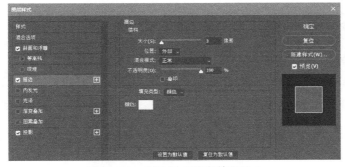

图 8-51　描边样式的参数设置 1

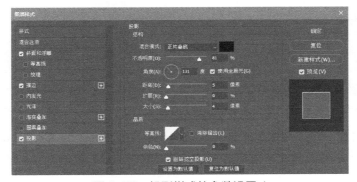

图 8-52　投影样式的参数设置 1

图 8-53　文字效果

5）制作文字特效。

①新建一图层，选择工具箱中的"横排文字工具"，在属性栏中设置字体为文鼎中特广告体、大小为 20 点、颜色为红色（RGB 为 192、16、33），输入文字"火爆预定"。在"字符"面板中调整字距为 300，结果如图 8-54 所示。

②按住 Ctrl 键，在"图层"面板中单击图层缩略图创建文字选区。新建一个图层，使用"油漆桶工具"向选区填充白色，结果如图 8-55 所示。

图 8-54　输入文字

图 8-55　向选区填充白色

③在菜单栏中选择"选择"→"修改"→"羽化"命令，在弹出的"羽化选区"对话框中设置羽化半径为 5 像素，如图 8-56 所示，然后单击"确定"按钮。羽化后的选区如图 8-57 所示。

图 8-56　"羽化选区"对话框

图 8-57　羽化后的选区

④在菜单栏中选择"选择"→"修改"→"扩展"命令，在弹出的"扩展选区"对话框中设置扩展量为 5 像素，如图 8-58 所示，然后单击"确定"按钮。扩展后的选区如图 8-59 所示。

图 8-58　"扩展选区"对话框

图 8-59　羽化并扩展后的选区

⑤新建一个图层，使用"油漆桶工具"向选区填充白色，结果如图 8-60 所示。

⑥在"图层"面板中调整不透明度为 10%，设置图层混合模式为溶解，结果如图 8-61 所示。

图 8-60　填充白色后的效果

图 8-61　调整不透明度和图层溶解混合模式后的效果

⑦将当前图层和下面图层合并（溶解图层和白色文字图层）。

⑧在菜单栏中选择"滤镜"→"风格化"→"风"命令，在弹出的如图 8-62 所示的"风"对话框中设置方法为风、方向为从右，单击"确定"按钮，结果如图 8-63 所示。

⑨重复上述操作，在"风"对话框中设置方法为风、方向为从左，单击"确定"按钮。

⑩在菜单栏中选择"图像"→"图像旋转"→"顺时针 90 度"命令，重复上述操作分别执行两次风滤镜，方向为左右各一次。然后在菜单栏中选择"图像"→"图像旋转"→"逆时针 90 度"命令，将图像转回原来的方向，结果如图 8-64 所示。

图 8-62　"风"对话框

图 8-63　执行风滤镜的效果

图 8-64　旋转并执行两次风滤镜后再转回原方向

⑪在"图层"面板中为当前图层添加外发光样式：混合模式为滤色、不透明度为 100、颜色为红色（图 8-65），结果如图 8-66 所示。

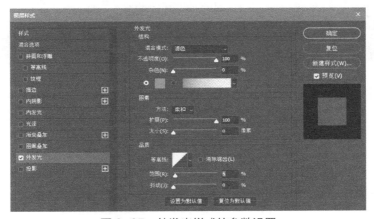
图 8-65　外发光样式的参数设置

图 8-66　添加外发光样式后的效果

⑫选择"火爆预定"红色文字图层，按住鼠标左键并向上拖动，将图层拖放到刚设置外发光效果的图层之上。栅格化后，在菜单栏中选择"滤镜"→"风格化"→"凸出"命令，弹出"凸出"对话框（图 8-67），设置类型为金字塔、大小为 30 像素、深度为 30 并随机，然后单击"确定"按钮。再按图 8-68 为当前图层设置斜面和浮雕样式，结果如图 8-69 所示。

图 8-67　"凸出"对话框

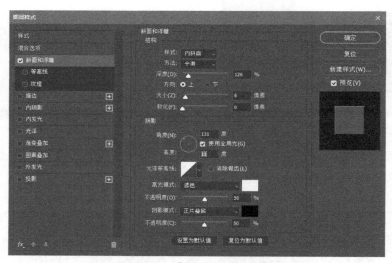

图 8-68　"图层样式"对话框

图 8-69　添加凸出滤镜、斜面和浮雕样式后的效果

6）保存并导出 RW0801.jpg 文件备用，结果如图 8-46 所示。

工作任务 8.2　制作网页主体内容

【工作任务】

网站是展现企业形象、介绍产品和服务的重要途径。本任务要求完成如图 8-70 所示的"花样流年工作室"网站主页主体内容的设计与制作。

图 8-70　网页效果图

【任务解析】

网页设计作为一种视觉语言，特别讲究编排和布局。色彩、文字与图片是构成网页的最基本元素，通过这些要素的空间组合，企业向用户展示所要传达的信息，带给人们美好的视觉体验。网页设计风格要统一，通过颜色、区分线、字体字号、标题、导航等内容来产生和谐的美感。栏目和内容间的位置均衡，使读者阅读起来更舒服、顺畅。本任务的重点是页面版面布局和网页要素的搭配。完成本任务要熟练掌握 Photoshop 滤镜、切片和其他工具综合运用的方法和技巧。

【任务实施】

1. 制作网页顶部

1）新建名称为 RW08 网页效果图 .psd 的文档，大小为 1440 像素 × 2600 像素、分辨率为 300 像素 / 英寸、背景为白色、方向为纵向、颜色模式为 RGB 颜色模式。

> **提示**
>
> 目前显示器最流行的分辨率是 1920×1080，在该分辨率下，网页中心区域通常设置在 1200 像素以内。

2）利用标尺拉出 3 条纵向辅助线，分别位于上方标尺的 120 像素、720 像素、1320 像素处，用来标记网页的中心区域和中心。

3）置入站标。置入素材文件 RW0802 素材 1.jpg，并使用"移动工具"将站标移动到画布左上角。

4）绘制导航条。

① 新建一个图层，在工具箱中选择"矩形选框工具"，在页面顶部右侧绘制矩形选区。设置前景色为黄色（RGB 为 242、155、93），使用工具箱中的"油漆桶工具"向选区填色。

② 新建一个图层，在工具箱中选择"圆角矩形工具"，设置前景色为橙色（RGB 为 211、104、72），在属性栏中设置工具模式为像素、半径为 10 像素，在页面顶端中右部位置绘制圆角矩形。

③ 新建一个图层，在工具箱中选择 "横排文字工具"，在属性栏中设置字体为黑体、大小为 5 点、颜色为白色，输入文字"首页"。重复上述操作，设置文字大小为 4 点、颜色为黑色，输入文字"关于我们"等。

5）置入广告素材文件 RW0801.jpg，完成后的效果如图 8-71 所示。

图 8-71　站标和导航条

2. 制作 3 个小栏目

1） 分别置入 RW0802 素材 2.jpg、RW0802 素材 3.jpg 和 RW0802 素材 4.jpg，调整素材位置，使 3 个素材顶端对齐且均匀分布在两侧辅助线内。

2）使用工具箱中的"横排文字工具"，在属性栏中设置字体为黑体、大小为 5 点、颜色为黑色，分别输入小栏目标题文字"外景拍摄""畅玩跟拍""宝贝生日会"，调整位置并横排对齐。

3）重复上述操作，在栏目小标题下面利用"横排文字工具"输入文字内容，在"字符"面板中设置大小为 4 点、字距为 75，如图 8-72 所示。

4）绘制区分线。设置前景色为橙色（RGB 为 241、106、51）。在工具箱中选择"铅笔工具"，在属性栏中设置笔头大小为 3 像素、硬度为 100%。在小标题栏目下按住 Shift 键绘制与素材图片等宽的横线，两次复制图层，均匀分布排列，结果如图 8-73 所示。

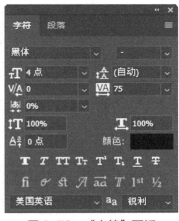

图 8-72　"字符"面板

外景拍摄

自然与内景拍摄差别很大，更贴近自然、更清新唯美、更具有独一性，景色真实自然，接近人与自然和谐共处的主题，且大方美丽，优雅安详。

畅玩跟拍

全程陪伴，提供车辆。专业的摄影师，为您留下美好的瞬间。拍照不限量，底片全送，不用担心买片的荷包问题！

宝贝生日会

每一次生日都代表着宝贝们又长大了一岁。我们在这里共度这温馨美好的时光，向宝宝们献上生日的祝福。祝他们能永远健康快乐地成长，拥有幸福美好的明天！

图 8-73　3 个小栏目

3. 制作风格推荐栏目

1）新建名称为 RW0802.psd 的文档，大小为 1200×660 像素、分辨率为 300 像素 / 英寸、背景为白色、方向为横向、颜色模式为 RGB 颜色模式。

2）新建一个图层，设置前景色为橙色（RGB 为 229、159、34）。在工具箱中选择"画笔工具"，在属性栏中设置笔头大小为 500 像素、硬度为 100%，在画布上单击绘制一个大圆，移动鼠标指针再次单击，通过画笔多次单击的方式绘制如图 8-74 所示的栏目顶部轮廓（也可以根据自己的喜好更改笔头大小，使上部的弧度有变化）。最后使用画笔涂抹将底部颜色填满，完成后的效果如图 8-75 所示。

3）按住 Ctrl 键，在"图层"面板中单击当前图层缩略图创建如图 8-76 所示的选区。在工具箱中选择"渐变工具"，在选区内填充橙色（RGB 为 229、159、34）→黄色（RGB 为 242、188、34）→橙色（RGB 为 229、159、34）的线性渐变，结果如图 8-77 所示。保存文档并导出 RW0802.jpg 文件备用。

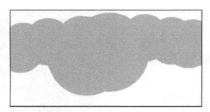

图 8-74　点绘栏目顶部轮廓

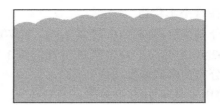

图 8-75　绘制好的栏目前景

图 8-76　建立选区

图 8-77　填充线性渐变后的效果

4）回到 RW08 网页效果图 .psd 文件编辑状态，置入刚刚制作的栏目背景图像（RW0802.jpg），并调整至适当位置。

5）在工具箱中选择"横排文字工具"，在属性栏中设置字体为华文行楷、大小为 16 点、颜色为砖红色（RGB 为 211、104、72），输入文字"风格推荐"，然后为文字图层设置描边和投影的图层样式，具体设置如图 8-78 和图 8-79 所示。

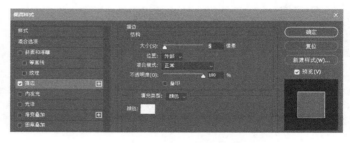

图 8-78　描边样式的参数设置 2

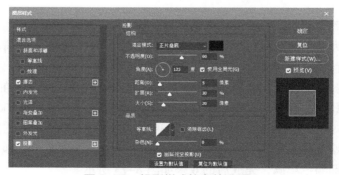

图 8-79　投影样式的参数设置 2

6）重复上述操作，在属性栏中设置字体为黑体、大小为 8 点、颜色为白色，输入文字"STYLE RECOMMENDATION"，为图层设置描边样式，设置大小为 3 像素、颜色为褐色（RGB 为 98、45、23），具体设置如图 8-80 所示。

7）分别置入 RW0802 素材 5.psd 和 RW0802 素材 6.psd，并移动到适当位置，分别为素材设置如图 8-81 所示的投影样式。

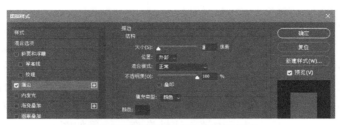

图 8-80　描边样式的参数设置 3

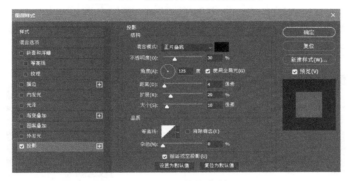

图 8-81　投影样式的参数设置 3

8）再分别置入 RW0803 素材 7 ~ 10，调整位置并均匀排列，设置如图 8-82 所示描边样式，大小为 3 像素、颜色为褐色（RGB 为 98、45、23），最终结果如图 8-83 所示。

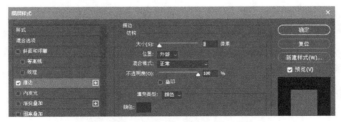

图 8-82　描边样式的参数设置 4

图 8-83　风格推荐栏目的效果

4. 制作网页页尾

1）新建一个图层，使用工具箱中的"钢笔工具"，在画布底部绘制如图 8-84 所示的路径。在"路径"面板上单击"将路径作为选区载入"按钮将路径作为选区载入，使用"油漆桶工具"向选区填充橙色（RGB 为 211、104、72）。

图 8-84　绘制路径

2）新建一个图层，在工具箱中选择"渐变工具"，在如图 8-85 所示的"渐变编辑器"对话框中设置颜色为黄色（RGB 为 231、161、41）和浅黄色（RGB 为 240、183、85）渐变，然后在选区内填充线性渐变，结果如图 8-86 所示。

3）取消选区，使用"移动工具"将当前图层的位置与下面图层的位置互换。选择上面的图层（褐色图形），使用"移动工具"将图形向下移动 20 像素，完成页尾背景的制作，如图 8-87 所示。

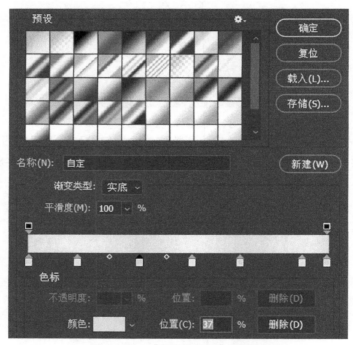

图 8-85　"渐变编辑器"对话框

图 8-86　填充线性渐变

图 8-87　页尾背景

4）新建一个图层，置入二维码图像。使用"横排文字工具"，设置字体为黑体、大小为 4 点，输入页尾文字"About Us"等，至此网页效果图完成。

工作任务 8.3　网页切片

【工作任务】

使用 Photoshop 设计网页效果图后，通常要切片成小图方便网页制作。本任务要求将网页效果图切片为如图 8-88 所示的网页素材。

图 8-88　网页切图

【任务解析】

Photoshop 切片切图是一种网页制作技术，即将网页效果图转换为多个小图片，提供给网站技术人员，方便其制作网页。网页切片的要点如下：①根据颜色范围来切；②保证区域完整性；③网页标准文字不做切片；④同一颜色背景图不做切片，因为网页制作写代码时可以直接用背景色来表示。

综上分析，本任务网页中的很多图片已经制作成素材小图所以不用切片，如站标、照片等。需要做切片的有导航图的圆角矩形、风格推荐栏目头部和背景、页尾背景。完成本任务要熟练掌握 Photoshop 切片工具的使用方法和技巧。

【任务实施】

1）打开RW08网页效果图.psd文档，将需要切片区域的文字和图片隐藏。可以通过单击"图层"面板中图层前面的 ◉ 按钮来实现隐藏。将网页效果图导出为RW0803.jpg，结果如图8-89所示。

2）打开 RW0803.jpg 文档，借助标尺拉出辅助线标记切片位置。然后在工具箱中选择"切片工具"，在需要切片的图像区域绘制矩形，如图 8-90 所示。

3）在菜单栏中选择"文件"→"导出"→"存储为 Web 所用格式"命令，在弹出的如图 8-91 所示的"存储为 Web 所用格式"对话框中使用"切片选择工具"选择要导出的切片（按住 Shift 键单击可以同时选择多个），优化的文件格式为 JPEG，单击"存储"按钮，弹出"将优化结果存储为"对话框（见图 8-92），在对话框中选择存储位置并命名，设置切片为选中的切片，然后单击"保存"按钮，完成切片导出的任务。

图 8-89　准备切片的网页图

图 8-90　使用"切片工具"绘制切片区域

图 8-91　"存储为 Web 所用格式"对话框

图 8-92　"将优化结果存储为"对话框

项目小结

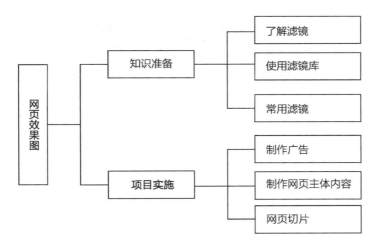

项目 8 中的主要快捷键如表 8-1 所示。

表 8-1　项目 8 中的主要快捷键

序号	操作命令	快捷键	序号	操作命令	快捷键
1	重复滤镜	Ctrl+F	3	渐隐	Shift+Ctrl+F
2	自适应广角	Shift+Ctrl+A	4	液化	Shift+Ctrl+X

能力巩固与提升

一、填空题

1）滤镜不能应用于_____或_____的图像，有些滤镜只对_____图像起作用。

2）重复刚使用过的滤镜命令的快捷键是_____。当执行快捷键_____时，则在重复滤镜的同时打开刚使用过滤镜的设置对话框，调整参数设置。

3）滤镜库是多个滤镜组合在一起的组合面板，滤镜库提供的滤镜组有_____、_____、_____、_____、_____、_____和_____。

4）Photoshop 滤镜菜单中的风格化滤镜包括_____、_____、_____、_____、_____、_____和_____滤镜。

5）可以将所有滤镜应用于_____位图像，但_____位和_____位图像会有部分滤镜不可以使用。

二、基本操作练习

1）熟练掌握滤镜库的基本操作。

2）熟练掌握常用滤镜的基本操作和技巧。

三、巩固训练

1. 制作飞驰效果（动感模糊）

素材 1

素材 2

结果

2. 制作神秘的埃及效果（云彩、滤色或正片叠底）

素材

结果 1

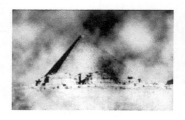
结果 2

3. 制作烈火效果（云彩、分层云彩、渐变映射黑 – 红 – 黄）

4. 制作球效果（球面化、镜头光晕）

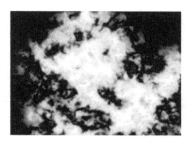

结果

结果

5. 制作暴风雪效果（绘图笔、色彩范围、模糊的、锐化）

素材

结果

6. 制作火焰字效果（高斯模糊、风、渐变映射、液化）

结果 1

结果 2

四、拓展训练

1．交流与训练

1）分组交流讨论滤镜、滤镜库和常用滤镜的操作方法和技巧。

2）自选两种滤镜为图像添加特殊效果。

2．项目实训

项目名称：网站横幅广告。

项目准备：熟练各种滤镜的效果和使用方法，确定主题并收集和整理素材。

内容与要求：

1）以某商业网站为设计背景，对网站整体风格和经营特色进行分析，确定网站横幅广告内容。

2）根据分析结果设计并制作两幅以上不同风格的横幅广告。

3）使用两种以上滤镜为横幅广告添加特效。

参 考 文 献

［1］李显萍.Photoshop CS6 平面设计实用教程［M］.北京：机械工业出版社，2014.